国家重点研发计划
"村镇装配式住宅生态化结构体系研究"（2019YFD1101000）

轻型钢-轻质墙板
结构体系与围护构造

QINGXINGGANG-QINGZHI QIANGBAN
JIEGOU TIXI YU WEIHU GOUZAO

周婷　陈志华◎著

天津大学出版社
TIANJIN UNIVERSITY PRESS

图书在版编目（CIP）数据

轻型钢-轻质墙板结构体系与围护构造 / 周婷，陈志
华编著． -- 天津 ： 天津大学出版社，2024. 11.
ISBN 978-7-5618-7877-4

Ⅰ．TU241

中国国家版本馆CIP数据核字第2024QR9882号

出版发行	天津大学出版社
地　　址	天津市卫津路92号天津大学内（邮编：300072）
电　　话	发行部：022-27403647
网　　址	www.tjupress.com.cn
印　　刷	廊坊市瑞德印刷有限公司
经　　销	全国各地新华书店
开　　本	787mm×1092mm　1/16
印　　张	12.75
字　　数	287千
版　　次	2024年11月第1版
印　　次	2024年11月第1次
定　　价	46.00元

前言
Preface

在新时代背景下,随着人们对环保和可持续发展的关注度日益提升,建筑行业正逐渐向绿色建筑和节能减排的方向发展。轻型钢结构住宅作为一种装配化程度高、抗震性能好、绿色低碳的建筑形式,符合国家发展战略和绿色建筑的要求。围护系统是保障轻型钢结构住宅安全、舒适、节能和环保等综合性能的关键部分,其研究对于推动我国绿色建筑发展具有重要的现实意义。本书名为《轻型钢-轻质墙板结构体系与围护构造》,旨在为从事轻型钢结构住宅设计、施工及研究的专业人士提供全面的理论知识和实践经验。

我国对轻型钢-轻质墙板结构体系住宅的研究起步较晚,对墙板材料、节点与构件、围护系统及结构围护一体化等的设计分析尚不完善。本书著者通过大量的试验研究、理论分析和数值模拟,系统地研究了多种轻型钢-轻质墙板结构体系与围护构造的性能特点、分析方法及设计计算方法,并对研究成果进行整理精练,形成本书各章节内容。

本书内容共分为6个部分,紧密围绕轻型钢结构住宅围护系统的设计、施工和性能展开。第1部分对钢结构住宅围护系统进行了概述,介绍了常用的围护材料及各种围护构件(如外墙、内墙、楼板和屋面板)的施工方法。第2部分深入研究了外墙保温系统的构造与抗震性能,为提高建筑物的抗震能力提供了理论依据。第3部分探讨了ALC板填充外墙与外保温系统的抗风性能,为建筑物在风荷载作用下的可靠性提供了科学支持。第4部分研究了ALC板填充内墙构造与抗裂性能,以提高建筑物的使用寿命和舒适度。第5部分研究了草砖板填充墙构造与抗裂性能,为选择更适合的围护材料提供了依据。第6部分对轻木剪力墙围护体系构造与抗震性能进行了深入探讨,以期为轻型建筑提供更多的选择。

本书力求从理论与实践相结合的角度,系统地阐述轻型钢-轻质墙板结构体系与围护系统的性能、设计和施工。希望本书能为轻型钢结构住宅与围护系统的研究和实践提供有益的参考,推动我国钢结构住宅事业的发展。

天津大学博士研究生谢宇航和硕士研究生王子轩、秦啸宇、肖潇、李智博、任紫阳、李重阳、邸超阳、黄宸、马泽荣等参与了本书有关章节的分析研究、素材整理、文字编辑和插图绘制等工作;各位前辈、老师和同人的相关文献为我们的研究开阔了视野,提供了参考,在此一并感谢。

由于作者水平所限,书中难免存在错误和不足之处,敬请各位读者批评指正。

目录
Contents

钢结构住宅围护系统概述

1.1 钢结构住宅常见围护材料

1.1.1 钢结构住宅墙体常见材料

1.1.1.1 墙体发展概况

随着装配式钢结构建筑的主体结构发展日渐成熟，人们对住宅外围护体系的要求也越来越高，除要具有足够的强度外，还要能够保温降噪、隔声耐火等，以满足绿色建筑的发展要求。因此，大量的外墙围护材料涌入市场，这些材料大多具有轻质高强、性能优良的优点。

由于各国的国情、经济水平不同，故墙体材料的发展也不同，但不论是国内还是国外，其发展大都经历了从砌筑到板材的过程。在住宅建筑发展的初期，外墙主要采用砖材、砌块等材料，传统的砖材、砌块等砌筑类墙体的现场工作量大、耗时耗力，且难以避免抹灰层空鼓、开裂、脱落等。随着经济社会的发展，节能环保、性能优良、工业化程度高的板材逐步代替了砖材、砌块等成为应用广泛的墙体材料。

国外的板材种类丰富，工厂供应充足。单一板材主要有空心轻质混凝土墙板、ALC 条板等；复合墙板中应用较广的有石膏复合板、混凝土夹芯保温板、钢筋混凝土绝热材料复合外墙板、陶粒混凝土复合外墙板等。除对墙板材料自身的研究外，部分国家也研发了一套完整的外墙技术体系，涵盖墙板、连接件、辅材等部件，如法国的 FCIS 干作业墙板体系、美国的 UHP-FRC 墙板体系、日本的 PCa 墙板体系、德国的 ECO-panel 生态墙板体系、意大利的BSAIS 轻质外挂墙板体系等，这些墙板体系性能优良且绿色环保，可以更大限度地降低建筑能耗。

与国外相比，我国外墙板技术发展较晚。20 世纪 50 年代，预制构件开始发展，在一定程度上推动了建筑行业的工厂化进程。但在随后一段时期，因一些特殊原因，建筑行业的发展几乎停滞。改革开放后，建筑行业的发展开始提速，国家也出台了许多建筑通用标准图集,来指导预制板材和建筑的发展。我国从 20 世纪 80 年代开始推广墙体材料改革,经过近 40 年的发展,墙体材料的主流产品已从实心黏土砖转变为空心砖、多孔砖及其他新型墙体材料,这些轻质高强的新型墙体材料也更加适用于钢结构建筑体系。随着我国建筑工业化的大力发展,许多企业、机构开始致力于新型外墙板的研发,外墙板呈现出蓬勃发展的局面。目前,单一材料外墙板主要有硅酸钙板、ALC 板等;多种材料复合外墙板主要有后填充式混凝土复合板、GRC 复合板、FK 轻钢龙骨预制复合墙板、各类三明治板材等。

1.1.1.2　轻型砌体类墙体

　　轻型砌体类墙体作为非承重的轻质砌块,应用于实际工程中的主要类型有蒸压加气混凝土砌块、草砖砌块、混凝土小型空心砌块、硅酸盐混凝土砌块、石膏砌块等。轻质砌块的生产材料来源丰富、工序简单、价格低廉,同时产品的保温防火抗震性能良好,在工程中有广泛的应用。但轻质砌块也有缺点,如高孔隙率导致高吸水率,在释放水分的过程中墙体容易干缩开裂,且在砌筑过程中仍有大量湿作业,导致施工速度慢、养护时间长,在不符合装配化施工要求的同时也易造成钢材锈蚀。

　　热压型草砖砌块以农林废弃物秸秆纤维为主要原料,添加有机黏合剂热压成型,是一种有机绿色新型建材。热压型草砖砌块原料广泛,可以使用小麦、水稻、棉花、玉米等各类秸秆,其表面具有碳化层和蜡质层,内部结构密实,具有一定的耐火、耐水性,同时还有较好的保温、隔热、隔声作用及较强的抗压、抗折作用,适合作为轻型保温墙体使用,如图 1-1 所示。热压型草砖砌块尚属于新型建材,相关研究和应用较少,现有的少量使用该类草砖砌块的住宅目前多采用免钉胶快速砌筑而成,其有利于工厂化生产和装配化施工砌筑的特点,注定其具有广阔的市场前景。

（a）热压型草砖砌块　　　　　　　　　　　（b）热压型草砖砌块的施工

图 1-1　热压型草砖砌块及其应用

1.1.1.3　预制装配式轻质条板

　　预制装配式轻质条板的原材料为硅酸盐水泥轻质骨料等,有的掺工业固废或聚苯乙烯颗粒制成条板,有的经蒸压加气工序后制成轻质板材,还有的内置保温材料制成复合保温夹芯板等,常见的种类有蒸压陶粒混凝土板、蒸压加气混凝土板、水泥珍珠岩板、玻纤增强水泥板、钢丝网架水泥夹芯板、金属面复合板等,其中应用最广泛的是蒸压加气混凝土板。

蒸压轻质加气混凝土(Autoclaved Light-weight Concrete,ALC)板是以水泥、石灰、粉煤灰等为主要原料,且内部还有增强钢筋在蒸汽高压养护下而形成的多气孔轻质板材。ALC板的结构构造使其在建筑结构中具有保温、隔热和耐火的特性,适合用作装配式钢结构的内外墙板。ALC板在内外墙中的应用如图1-2所示。

(a)ALC外墙板　　　　　　　　　(b)ALC内墙板

图1-2　ALC板在内外墙中的应用

玻璃纤维增强水泥(Glass-fiber Reinforced Cement,GRC)板多为空心多孔的条板,基材为低碱度的硫铝酸盐水泥砂浆,采用耐碱玻璃纤维作为增韧材料制成。GRC板自重轻,其单位面积质量仅为120 mm厚黏土砖墙单位面积质量的1/5左右,且加工性能良好,切割、钻孔方便。但GRC板也有缺点,如墙体抹灰后容易开裂,且在钢结构建筑中应用时尤为明显;表面易出现盐析返霜现象,影响其长期耐久性。

1.1.1.4　预制复合墙板

发泡水泥复合墙板也被称为太空板,其采用冷弯薄壁型钢制成框架,内置斜向钢筋桁架或钢丝网片,在框架内浇筑轻质发泡水泥,最后在外表面抹涂水泥砂浆成为面层。此类墙板具有轻质、高强、保温、隔热、隔声、抗震等优点,但框架内的发泡水泥与冷弯薄壁型钢框架的弹性模量相差较大,使用一段时间后容易产生开裂渗水等问题。

轻质混凝土墙板包括发泡水泥板、陶粒混凝土板、蒸压粉煤灰板等,均以水泥基为主,不同厂家具体配方不同,可能含有砂、陶粒、粉煤灰、发泡剂、钢筋、玻纤等添加物,价格和质量浮动区间较大。轻质混凝土墙板内部均匀分布有沿长度方向的通长空心圆孔,用来减轻板的质量,提高隔声、隔热性能。该类墙板防火性能优良,但质量较重,不利于和钢结构装配,且墙板本身抗裂、抗震性能不佳,保温效果不好,生产过程污染大,故近些年使用渐少。

轻质水泥夹芯墙板是一种两面覆盖有纤维水泥板或硅酸钙板,内部填充由发泡水泥、聚苯颗粒、砂、粉煤灰、煤矸石等回收材料混合而成的轻质水泥,呈三明治构造的轻型墙板。轻质水泥夹芯墙板具有防火、耐潮、隔声、保温等优点,但是存在外部面板强度较高,内部轻质水泥结构较为疏松、质地不均,且受力过大时内部容易碎裂分层的问题,故一般作为隔墙板使用。

1.1.1.5　现场复合装配式墙板

现场复合装配式墙板多为轻钢龙骨组合墙体,区别在于面板采用纤维水泥板、金邦板或其他材料的外挂墙板等。轻钢龙骨组合墙体采用轻钢龙骨作为支撑骨架,外挂金邦板或纤维水泥板,内部填充岩棉等保温、隔热材料。其中,组成墙体的材料采用工厂化生产方式,运输至施工现场进行装配,现场装配可保证连续的保温层,避免产生热桥。此类墙体具有保温、隔热性能良好,防渗漏,墙体自重轻,全部构件采用螺钉或螺栓连接,干法施工,施工周期短等优点,但是现场组装工序较复杂,人工成本较高,与装配式建筑的发展趋势不相适应。轻钢龙骨组合墙体如图 1-3 所示。

图 1-3　轻钢龙骨组合墙体

1.1.1.6　装配式钢结构内墙墙板

目前,建筑工程项目中常用的墙体材料可分为砌块和轻质板材两大类,而装配式钢结构住宅内墙一般采用能较好适应钢结构层间变形的轻质板材。轻质板材可分为单板类(条板)和复合板类,复合板类又可分为工厂预制复合墙板和现场复合墙板。

非承重内隔墙单板原材料种类丰富、利废率高,所用的原材料包括石膏、水泥、粉煤灰、陶粒、浮石或矿渣等。单板类内隔墙板具有轻质高强、起吊方便、保温隔声、防火防潮等优点,且具有良好的加工性能,可钉可锯,也可以进行钻孔、镂槽等操作,但板面平整度和吊挂力较差。

工厂预制复合墙板是将轻质夹芯材料和外侧面板通过高温高压复合工艺制备而成的新型板材,常用种类包括聚苯颗粒复合墙板、蒸压陶粒混凝土复合墙板、钢丝网架水泥夹芯板、氯氧镁防火板(玻镁板)、纸蜂窝复合墙板等。现场复合墙板采用冷弯薄壁型钢制成框架龙骨,两侧固定纸面石膏板。此种墙板强度较低,不宜用于分户墙;而且后期装修中吊挂重物必须在龙骨上进行固定,加大了装修的复杂度。

1.1.2   钢结构住宅楼板常见材料

装配式钢结构住宅具有轻质高强、施工速度快的特点,发展配合钢结构住宅快速施工的组合楼板体系势在必行。目前市场上钢结构住宅产品常用的楼承板有现浇板、压型钢板楼承板、钢筋桁架楼承板、装配式钢筋桁架楼承板、支撑架模板系统、叠合板、带肋叠合板等。

压型钢板混凝土组合楼板是指用冷弯薄壁型钢制作的压型钢板作为模板铺设在钢梁上,然后在上面绑扎钢筋、浇筑混凝土形成的组合楼板。多高层钢结构建筑在我国开始发展时,为缓解现浇混凝土楼板与钢结构的施工速度不匹配问题,能快速组装施工的楼承板被同步从国外引进。压型钢板混凝土组合楼板可节省支撑架,同时作为施工过程中的模板以及使用过程中的楼板钢筋,在我国钢结构建筑中的应用较早,现在很多公共建筑中也有应用。通常是在压型钢板和钢梁翼缘板之间通过焊钉与钢梁进行穿透焊接,然后绑扎钢筋、现浇混凝土。目前,常用的压型钢板形式有开口型、缩口型和闭口型。压型钢板组合楼板是一种较成熟的技术,其设计、施工也已基本成形,虽然与普通现浇混凝土楼板相比,钢材的造价偏高,但省去了搭设脚手架、支模费用,同时各层施工不受干扰且施工方便,从而可加快建设周期、增加投资效益,因此是多高层钢结构建筑中常用的楼板形式。

钢筋桁架楼承板是一种工业化成品,即在施工现场将钢筋桁架楼承板支撑在钢梁上,然后绑扎桁架连接钢筋、支座附加钢筋及分布钢筋,最后浇筑混凝土,便形成钢筋桁架混凝土楼板。钢筋桁架模板是将楼板中所用的钢筋在工厂加工成钢筋桁架,并将钢筋桁架与底模板连接成一体的组合模板。钢筋桁架是由一根上弦钢筋、两根弯折的腹杆钢筋和两根下弦钢筋组成的空间桁架,具有一定的抗弯承载能力。底模板是由镀锌钢板压肋制成,与钢筋桁架的腹杆弯脚点焊连接。

钢筋桁架楼承板底模板有单次使用成本高、底模撕掉后板底需要抹灰等缺点,因此装配式钢筋桁架楼承板产品及应用技术应运而生。底模板为钢模板的装配式钢筋桁架楼承板,通常是在工厂中将楼板中的钢筋焊接成桁架形式,并将钢筋桁架和钢模板通过连接件进行连接,形成可以拆卸和重复利用的组合模板。钢筋桁架在施工阶段承受施工荷载,使用阶段作为楼板中的钢筋;钢模板在施工阶段作为混凝土的模板,混凝土达到一定强度后,便可拆除并重复利用;将钢模板和钢筋桁架固定,可共同承受施工阶段的荷载,且可重复利用。底模板采用塑料模板、木胶板或竹胶板的装配式钢筋桁架楼承板,钢筋桁架通过弹性压入连接件的方式与底模板连接,连接件通过螺栓与底模板进行连接。当混凝土强度达到75%以上时,可将底模板拆卸下来,连接件留置在混凝土楼板内,拆卸后的底模板可实现重复利用。采用塑料模板、木胶板或竹胶板作为底模板,由于模板较厚,局部刚度好,因此楼板最终成型的平整度要好于钢模板。

支撑架模板系统采用现浇混凝土的思路,需要现场搭设支撑系统、铺设模板、绑扎钢筋并浇筑混凝土。其与传统现浇混凝土支撑系统是有区别的,即其支撑架与钢结构中的 H 型钢梁配合,免去了脚手架的搭设,且无须支撑在下层楼板,可以多层同时施工。支撑架模板系统由楼板模板、可调桁架和可调搁置支座组成。其中,可调桁架上铺设有格栅,楼板模板铺设在格栅上,可调搁置支座设置在H型钢梁的下翼缘上,可调桁架为可伸缩式组合桁架,可调桁架与可调搁置支座的上端连接。可调搁置支座包括顶板、底板和腹板,顶板和底板之间还设置有加劲板,可调桁架的端部与顶板连接,底板上安装有至少两根调节螺栓,可调搁置支座紧贴工字钢梁的腹板,调节螺栓支撑在工字钢梁的下翼缘上。楼板模板为铺设在格栅上的压型钢模板。可调桁架的端部上设置有托木,楼板模板的端部位于托木的顶部,楼板模板与托木之间设置有堵头。

与现浇混凝土楼板相比,叠合板是将楼板下部一定厚度的混凝土层在工厂预制,再与现场上部现浇混凝土层结合成为整体,从而共同工作的一种结构形式。钢筋桁架叠合楼板采用钢筋桁架制作,钢筋桁架的下弦钢筋即为叠合楼板底部受力钢筋,钢筋桁架上弦钢筋为现浇混凝土层钢筋,现场还会配置构造钢筋。叠合楼板整体性虽然不如全现浇混凝土楼板,但与全装配式的预制楼板相比,其仍具有良好的整体工作性能。叠合楼板可分为预制板与现浇层两部分。预制板为预制厂生产,板中设钢筋桁架。考虑安装误差,一般两块预制板之间留有5~10 mm拼缝。现浇层在垂直拼缝处要设置拼缝钢筋,板端与板侧设置搭接钢筋。钢筋桁架叠合楼板在预制装配式混凝土结构中应用较多。装配式混凝土结构的施工方法为逐层施工,上部开阔的空间为叠合楼板的施工提供了很大的便利,可以方便楼板吊装水平移动调整就位。在钢结构住宅中,多层钢框架的存在给钢筋桁架叠合楼板的安装带来了不便。

预制带肋底板叠合板采用一种提高抗弯刚度的形式,即采用混凝土肋而不是钢筋桁架,其是一种新型的装配整体式楼板。先在5~8 cm厚的混凝土预制板之上设置矩形肋或者T形肋,并在板肋中预留孔洞,预制板中的钢筋可以是预应力钢筋,这就形成了预制带肋叠合板的预制部分。现场铺装完成后,在预留孔洞中布设横向穿孔钢筋及在底板拼缝处布置抗裂钢筋,最后浇筑混凝土叠合层形成预制带肋薄板混凝土叠合板。

1.1.3　钢结构住宅屋面板常见材料

1.1.3.1　大型屋面板

大型屋面是把大型屋面板搁置在轻钢屋架上。大型屋面板本身较厚、自重较大,而且依据所处地理位置、环境、要求不同,还需要另做防水、保温、防热等构造层,从而会使其下部的结构截面尺寸和用钢量有所增大,导致整体重量和造价增加。其属于较传统的做法,主要适用于刚度要求较高的大中型建筑。

1.1.3.2　轻质屋面板

轻质屋面是把轻质屋面板搁置在轻钢屋架或檩条上。轻质屋面板的优点是屋面布置比较灵活,构件质量轻、截面较小、用材较少,而且运输和安装都比较方便,适用于跨度不大、刚度要求不高的低层住宅建筑屋面,且一般为非上人屋面,如图1-4所示。

图 1-4　轻质屋面板

1.1.3.3　多彩油毡瓦

多彩油毡瓦通常搁置在屋顶承重层上,属于具有装饰和防水双重功能的柔性瓦。多彩油毡瓦颜色丰富、艳丽,可以任意与建筑外墙颜色搭配,拼接图案多种多样,线条优雅明快,有很强的立体感,而且质量较轻、成本较低、容易更换、黏结防漏性能较强,使用寿命一般为15~20 年,主要适用于色彩、图案、层次多样的居住区坡屋顶。

1.1.3.4　GRC 板

GRC 板是由玻璃纤维板、普通钢筋混凝土交叉肋组成的轻质板。GRC 是一种以低碱度水泥为基材,以抗碱玻璃纤维为增强材,集轻质、高强、高韧于一体的新型复合材料。GRC板具有自重轻、强度高、韧性大、防水防火性能好、施工简便、节省工时、工期短等特点,如图1-5 所示。

图 1-5　GRC 板

1.1.3.5　彩色压型钢板

彩色压型钢板是采用彩色涂层钢板经辊轧冷弯而形成各种波形的压型板。彩色压型钢板具有质量轻、强度高、色泽丰富、制作安装方便快捷、抗震性能好,且防火、防水、经久耐用、免维护等优点,但其材料导热系数大,不利于节能且隔声效果较差,故需另加构造层满足要求。彩色压型钢板适用于仓储建筑、特种建筑、大跨度钢结构房屋的屋面、墙面以及内外墙装饰等。彩色钢板夹芯板是以彩色压型钢板为面层,以聚氨酯、聚苯、岩棉等轻质保温隔热材料为芯材,经过连续成型工序将芯材与上下面层黏结而形成的整体复合板材。这种板材具有自重轻、强度高、体积小、外表美观、防水、保温、隔热、耐高温、耐酸、耐腐蚀、良好的隔音密闭性(防噪声可达 40~50 dB)、耐久性好、整体稳定性好、安全可靠、施工速度快、运输方便、工业化程度高以及防火性好等优点,但其造价偏高。

1.1.3.6　太空板

　　太空板(图 1-6)是一种以闭孔高发泡水泥为芯材,配以主承载骨架,并与水泥面层及加强筋共同复合而成的专利建筑板材。太空板可将钢结构构件直接设计在板内,实现承重、保温、耐火的一体化。太空板具有突出的轻质高强、高效节能、耐火耐久、安装简便快捷等特点,可与各种类型钢结构配套形成新型钢结构建筑体系。

图 1-6　太空板

1.1.3.7　金属拱形波纹屋面板

　　金属拱形波纹屋面板是用薄彩色钢板冷压而成的新型钢结构。将厚度为 0.6~2.0 mm 的钢板通过成型机械冷辊轧模成直形槽板,再辊轧成带有横向波纹的圆弧形的拱形槽板,然后用自动封边机将各单个拱形槽板咬合锁边连成整体拱形屋盖结构。该结构具有力学性能良好、全截面均匀受力、节约材料(钢材用量一般可减少 30%)、无梁无檩、内部空间大、轻质高强(自重约为 200 N/m²,不足钢屋架的 1/10)、刚度大、施工速度快、工期短(10 000 m² 的建筑从设计到施工 25 天内即可完成)、造型美观、构造多样、用途广泛、造型风格多变、防水、保温、耐久、使用寿命长(可达 30~50 年)、抗震抗风性能好、安全性能高、维护费用低、经济效果显著等优点。该结构既可设计成落地式,又可用于拱顶房屋、现有建筑加层等。

1.2　钢结构住宅墙体做法

1.2.1　蒸压加气混凝土墙板

近年来,在国家对装配式建筑的大力支持下,越来越多的轻质墙板被一些国家和地区所重视,特别是具有众多优良性能的蒸压加气混凝土板在 1 000 多项国内外建筑工程中用作内外墙板。

ALC 板的性能见表 1-1。

表 1-1　ALC 板的性能表

密度（B05 级）	导热系数	耐火性能	抗压强度	150 mm 厚价格
≤525 kg/m³	≤0.14 W/（m·K）	1.5~4 h,A 级不燃	≥3.5 MPa	80 元/m²

国内外使用最多的 ALC 板与主体结构的连接节点主要有钩头螺栓、角钢和 ADR 等连接件,一些专家学者对其相关性能进行了大量的有限元模拟和试验研究,伴随着装配式结构的发展,兼顾性能好和连接佳的新型连接节点应运而生,推动了轻型墙板的发展。U 形钢卡、钩头螺栓、摇摆件和角钢（图 1-7）使得钢框架外挂 ALC 板结构具有良好的抗震性能,可以保证 ALC 板与钢框架结构协同工作和共同受力,其中摇摆件节点具有良好的延性和耗能能力,具有更好的发展前景。

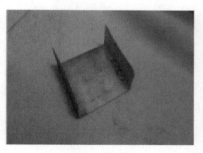

（a）U 形钢卡

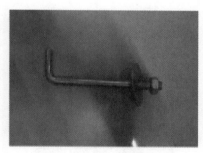

（b）钩头螺栓

（c）摇摆件

（d）角钢

图 1-7　ALC 板常见连接件

　　ALC 板在实际工程中的具体做法:一楼墙体地面要高于室外地平 10 cm 以上,空框架顶部和底部位置预先安装角钢,并在 ALC 板上钻孔,使用钩头螺栓将墙板和角钢连接固定;ALC 板之间使用专用嵌缝剂填缝,墙板与钢框架之间的接缝采用柔性连接构造,墙体顶部和两边缝隙塞 PE 棒并打发泡剂;墙板外侧使用发泡剂和膨胀锚栓钉黏结并锚固苯板,苯板之间用防水密封胶嵌缝,苯板表面外批防水砂浆和室外漆;内墙采用抗裂砂浆找平,并挂一层耐碱玻纤网格布,ALC 板各拼缝处额外挂一层玻纤网格布,整体刮内墙腻子,涂内墙乳胶底漆和面漆,如图 1-8 所示。

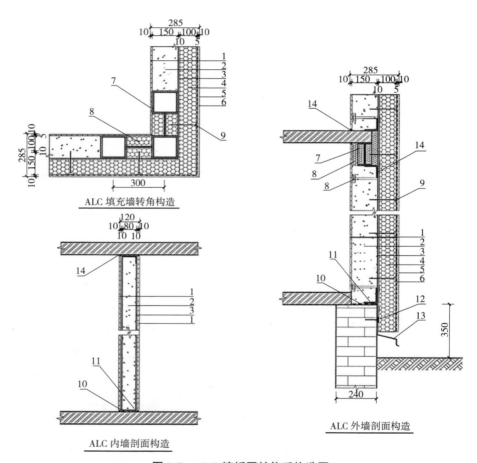

图 1-8　ALC 墙板围护体系构造图

1—2 mm 厚白色腻子乳胶漆饰面层;2—150 mm 厚 ALC 墙板;3—10 mm 厚水泥砂浆找平层复合耐碱玻纤网格布;
4—100 mm 厚挤塑聚苯乙烯保温板;5—5 mm 厚氯丁胶乳水泥砂浆防水层;6—10 mm 厚外饰面;7—钢框架;
8—填充挤塑聚苯乙烯保温板;9—聚苯板专用锚栓;10—柔性防水垫层;11—角钢底托;
12—泛水板锚栓;13—不锈钢泛水板;14—柔性硅酮胶嵌缝

　　ALC 板与钢梁接缝处的处理措施为填充发泡剂或岩棉,ALC 板与钢柱接缝处的处理措施为内填充专用黏结砂浆和外涂玻璃胶。ALC 板与主体结构连接拼缝图如图 1-9 所示。

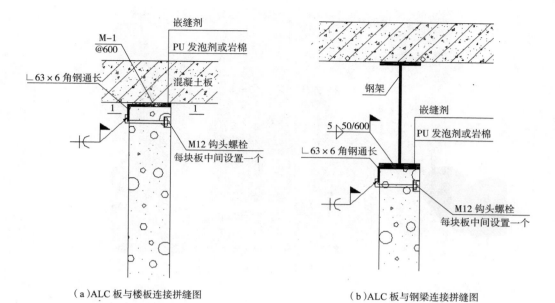

（a）ALC 板与楼板连接拼缝图　　　　　　（b）ALC 板与钢梁连接拼缝图

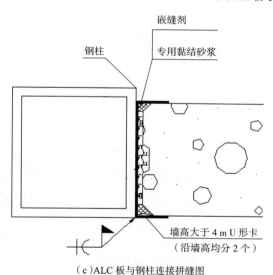

（c）ALC 板与钢柱连接拼缝图

图 1-9　ALC 板与主体结构连接拼缝图

　　张家口德胜村钢结构住宅示范项目采用 150 mm 厚 ALC 板作为墙体主材，100 mm 厚苯板作为保温层（图 1-10），通过降低材料的传热系数和改善构造来降低外墙的传热系数，同时改善整个墙体的气密性；并在整个围护结构中采用保温材料，且尽量减少连接件等，避免形成热桥效应。

图 1-10　张家口德胜村钢结构住宅示范项目

1.2.2　热压型草砖墙板

钢结构具有生态环保、可回收、抗震性好的优点,结合草砖经济性好、质轻、量大、绿色的优点,两者组合对于在我国广大农村地区推广该类型住宅具有重大的实用价值和意义。钢-草砖住宅较传统砖混村镇住宅,造价低廉,抗震性好,施工周期短,适用范围广。

热压型草砖性能见表 1-2。

表 1-2　热压型草砖性能表

平均密度	导热系数	耐火性能	抗压强度	150 mm 厚价格
≤250 kg/m³	≤0.06 W/(m·K)	1~1.5 h,B1 级难燃	≥3 MPa	100 元/m²

热压型草砖砌块在实际工程中的具体做法:一楼墙体地面要高于室外地平 30 cm 以上,避免草砖受潮,一楼、二楼墙体底部使用槽钢托接草砖砌块,草砖砌块之间使用免钉胶黏结砌筑,并使用结构胶与钢框架紧密黏结;草砖墙体内外挂 18 cm×18 cm 间隙、2 mm 直径的钢网,并用卡钉将其与草砖固定,同时用金属卡件将钢网与钢框架相连;钢网外侧黏结并锚固苯板,苯板之间用防水密封胶嵌缝,苯板表面外批防水砂浆和室外漆;内墙采用石膏找平,挂石膏板,用专业石膏嵌缝,挂玻纤网格布,批腻子,涂乳胶底漆和面漆,如图 1-11 所示。

天津大学原附属中学门卫室采用了小型秸秆草砖砌块(图 1-12),其尺寸为 30 mm×50 mm×120 mm,密度为 90 kg/m³,为增强草砖砌块对横向荷载的抵抗能力,使用铁丝每隔 50 cm 捆绑一道,将其与主体框架结构牢牢绑扎。砌筑草砖采用三层抹灰,其中底层厚 5 mm、中层厚 5 mm、面层厚 2 mm,并于各抹灰层中间布置玻纤网格布和柔性防水腻子。

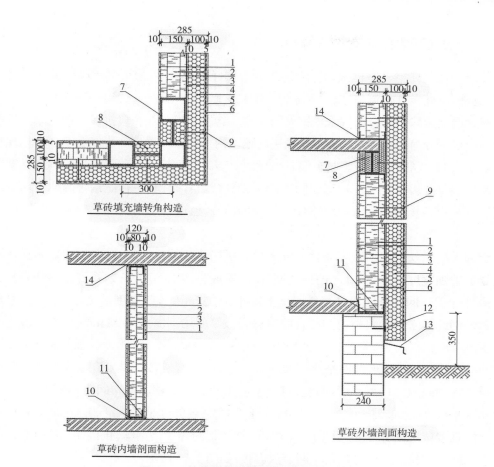

草砖填充墙转角构造

草砖内墙剖面构造

草砖外墙剖面构造

图 1-11 热压型草砖墙板围护体系构造图

1—10 mm 厚纸面石膏板表面刷白色腻子；2—150 mm 厚草砖；
3—5 mm 厚发泡结合层内嵌 2 mm 直径加固钢网；4—100 mm 厚挤塑聚苯乙烯保温板；
5—5 mm 厚氯丁胶乳水泥砂浆防水层；6—10 mm 厚外饰面；7—钢框架；
8—填充挤塑聚苯乙烯保温板；9—聚苯板专用锚栓；10—防水垫层；11—U 形钢底托；
12—泛水板锚栓；13—不锈钢泛水板；14—柔性硅酮胶嵌缝

图 1-12 天津大学原附属中学门卫室

1.2.3 钢丝网架珍珠岩复合墙板

装配式低层住宅轻钢框架-组合墙结构外围护轻质墙体可采用钢丝网架珍珠岩复合墙板,并应符合《装配式低层住宅轻钢组合结构技术规程》(T/CECS 1060—2022)中的规定。

钢丝网架珍珠岩复合墙宜采用钢丝网架珍珠岩复合墙模块企口拼接。钢丝网架珍珠岩复合墙模块可分为带纤维水泥砂浆板面层的钢丝网架砂浆面层珍珠岩复合墙模块和现场喷涂砂浆面层的钢丝网架珍珠岩复合墙骨架模块。与轻钢框架咬合包裹连接的钢丝网架围护墙体珍珠岩复合墙模块应采用钢丝网架珍珠岩复合墙骨架模块;其他钢丝网架珍珠岩复合墙模块宜采用钢丝网架砂浆面层珍珠岩复合墙模块,也可采用钢丝网架珍珠岩复合墙骨架模块。

全部采用钢丝网架珍珠岩复合墙骨架模块拼接装配的复合墙体,各模块之间钢丝网架接缝处应附加宽度不小于 20 m 的钢丝网片,以连成整体钢丝网架;钢丝网架珍珠岩复合墙模块内外叶钢丝网纤维水泥砂浆板厚度不应小于 25 mm,砂浆强度等级不宜低于 M15;内外叶钢丝网纤维水泥砂浆板内侧复合的珍珠岩板厚度均不应小于 25 mm;珍珠岩板之间的聚苯板厚度应根据隔声、保温等功能要求确定;内外叶钢丝网纤维水泥砂浆板表面应设置厚度不小于 5 mm 的耐碱玻纤网格布抗裂砂浆面层;钢丝网架珍珠岩复合墙模块内外叶钢丝网纤维水泥砂浆板的内置钢丝网钢丝直径不应小于 2 mm,钢丝分布间距不宜大于 50 mm,钢丝网水平、竖向分布钢丝的配筋率不应小于 0.15%;内外叶钢丝网纤维水泥砂浆板的钢丝网之间应设置拉接件,拉接件可采用与钢丝网钢丝相同的拉接钢丝,拉接钢丝的分布间距不宜大于 300 mm,拉接钢丝应与钢丝网节点焊接,如图 1-13 所示。

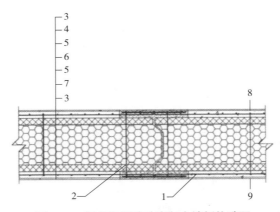

图 1-13 钢丝网架珍珠岩复合墙板构造图

1—钢丝网;2—拉结钢筋;3—耐碱玻纤网格布抗裂砂浆面层;4—内置钢丝网纤维水泥砂浆内叶板;
5—膨胀珍珠岩板;6—聚苯芯板;7—内置钢丝网纤维水泥砂浆外叶板;8—室内;9—室外

图 1-14 所示为钢丝网架珍珠岩复合墙板的实际应用。

图 1-14　钢丝网架珍珠岩复合墙板的实际应用

1.2.4　轻钢组合剪力墙

装配式钢结构住宅中可以采用轻钢桁架轻混凝土组合剪力墙板,并应符合《装配式低层住宅轻钢组合结构技术规程》中的规定。

轻钢组合剪力墙宜采用外墙单元剪力墙板,外墙单元剪力墙板可设置门窗洞口;轻钢桁架由冷弯薄壁型钢框格和冷弯薄壁型钢斜支撑构成,冷弯薄壁型钢框格的周边框格和门窗洞口框格宜设置冷弯薄壁型钢斜支撑;轻钢桁架采用的冷弯薄壁型钢截面宜选用 C 形,边框冷弯薄壁 C 型钢的壁厚不应小于 1.2 mm,其余冷弯薄壁 C 型钢的壁厚不应小于 0.8 mm;冷弯薄壁型钢截面内、外耐碱玻纤网格布抗裂砂浆面层厚度宜取 5 mm,钢丝网纤维水泥砂浆内外叶板厚度不宜小于 25 mm,轻钢桁架轻混凝土芯板厚度不宜小于 90 mm;轻质混凝土宜采用强度不低于 1.0 MPa 的轻骨料混凝土,纤维水泥砂浆的强度不宜低于 15 MPa,钢丝网钢丝直径不应小于 2 mm,网格间距不宜大于 50 mm。

同层相邻且中心线重合的单元剪力墙板之间宜平口拼接,竖直拼缝宜与框架柱截面轴线重合,平口拼缝处应设置水泥基胶浆,两个单元剪力墙板与框架柱螺栓连接点宜沿柱高同位设置,各单元剪力墙板除在框架柱净高范围的上下端与柱角钢连接件螺栓连接外,柱净高中部范围内宜均匀设置间距不大于 1 m 且不少于 3 个的柱角钢连接件连接的螺栓,接缝外叶板可增设通过薄钢板连接件的自攻钉连接,如图 1-15 所示。

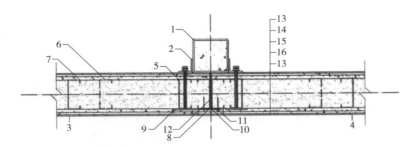

图 1-15 同层相邻且中心线重合的轻钢桁架轻混凝土单元剪力墙板与钢管混凝土柱螺栓连接构造图

1—钢管混凝土柱；2—角钢连接件；3—左墙板；4—右墙板；5—加劲轻钢龙骨柱；6—轻钢龙骨斜撑；7—框格轻钢龙骨柱；8—边框轻钢龙骨柱；9—螺栓连接件；10—薄钢板连接件；11—自攻钉；12—水泥基胶浆；13—耐碱玻纤网格布抗裂砂浆面层；14—内置钢丝网纤维水泥砂浆内叶板；15—轻钢桁架轻混凝土芯板；16—内置钢丝网纤维水泥砂浆外叶板

　　同层相邻且中心线垂直的单元剪力墙板之间宜平口拼接，竖直拼缝宜与框架柱截面边缘重合，平口拼缝处应设置水泥基胶浆；非接缝边框轻钢龙骨应设置钢丝网纤维水泥基砂浆保护层，保护层构造与单元剪力墙板的面层及内外叶板构造相同；两个单元剪力墙板与框架柱角钢连接件螺栓连接点宜沿柱高同位设置，各单元剪力墙板除在柱净高范围的上下端与柱角钢连接件螺栓连接外，柱净高中部范围内宜均匀设置间距不大于 1 m 且不少于 3 个的柱角钢连接件连接的螺栓，如图 1-16 所示。

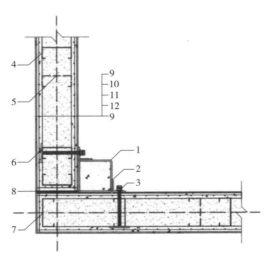

图 1-16 同层相邻且中心线垂直的轻钢桁架轻混凝土单元剪力墙板与钢管混凝土柱螺栓连接构造图

1—钢管混凝土柱；2—角钢连接件；3—螺栓连接件；4—框格轻钢龙骨柱；5—轻钢龙骨斜撑；6—加劲轻钢龙骨柱；7—边框轻钢龙骨柱；8—水泥基胶浆；9—耐碱玻纤网格布抗裂砂浆面层；10—内置钢丝网纤维水泥砂浆内叶板；11—轻钢桁架轻混凝土芯板；12—内置钢丝网纤维水泥砂浆外叶板

　　上下层相邻且中心线重合的单元剪力墙板之间宜平口拼接，且水平拼缝宜与框架梁上表面平齐，平口拼缝处应设置水泥基胶浆；上下相邻单元剪力墙板在拼缝处与框架梁钢板连接件螺栓连接点宜沿梁长同位设置，各单元剪力墙板除左右端与梁净跨两端的梁钢板连接件螺栓连接外,梁净跨中部范围内宜均匀设置间距不大于 1 m 且不少于 3 个的梁钢板连接件连接的螺栓;单元剪力墙板之间的连接,除与框架梁、柱螺栓连接外,沿水平和竖向拼接缝位置可设置采用附加薄钢板条带的自攻钉连接;承托轻钢桁架轻混凝土单元剪力墙板的混凝土基础梁或基础连梁上面应锚固长度不小于 300 mm、厚度不小于 2.0 mm、分布间距不大于 1.0 m 的 U 形轻钢导槽,如图 1-17 所示。

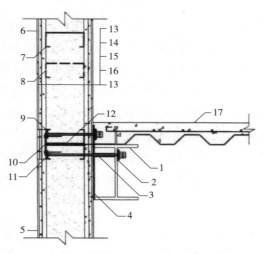

图 1-17　上下层相邻且中心线重合的轻钢桁架轻混凝土单元剪力墙板与 H 型钢梁螺栓连接构造图

1—主梁;2—螺栓连接件;3—加劲钢套管;4—梁钢板连接件;5—下墙板;6—上墙板;7—框格轻钢龙骨梁;8—轻钢龙骨斜撑;
9—边框轻钢龙骨;10—薄钢板连接件;11—自攻钉;12—水泥基胶浆;13—耐碱玻纤网格布抗裂砂浆面层;
14—内置钢丝网纤维水泥浆内叶板;15—轻钢桁架轻混凝土芯板;16—内置钢丝网纤维水泥砂浆外叶板;17—楼板

土耳其伊斯坦布尔大学采用了桁架形式的短肢剪力墙抗侧力体系,如图 1-18 所示。

图 1-18　土耳其伊斯坦布尔大学

1.3　钢结构住宅楼板做法

1.3.1　压型钢板-混凝土组合楼板

压型钢板-混凝土组合楼板是将压型钢板直接铺设在钢梁上,用栓钉将压型钢板和钢梁翼缘焊接形成整体,如图 1-19 所示。压型钢板在组合楼板中的作用主要分为三种。

（1）以压型钢板作为主要承重构件的楼板。由压型钢板承担所有的楼面荷载,其上的混凝土仅提供平整的工作面,并不参与抵抗外力,而是作为外加荷载来考虑。

（2）以压型钢板作为浇筑混凝土时的永久模板的楼板。钢筋混凝土板作为主要承重构件,压型钢板仅承受浇筑时的外荷载,待混凝土达到设计强度时,并不拆除压型钢板,而是将其留在组合楼板中,但不考虑与混凝土共同工作。

（3）考虑组合作用的压型钢板-混凝土组合楼板。压型钢板不仅用作浇筑混凝土时的永久性模板,而且待混凝土达到设计强度后,压型钢板与混凝土结合成整体共同作用,从而全部或部分取代受拉钢筋。

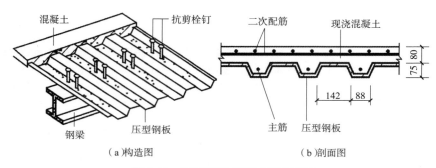

图 1-19　压型钢板-混凝土组合楼板

压型钢板-混凝土组合楼板在构造上可分为开口型、缩口型、闭口型,如图 1-20 所示。

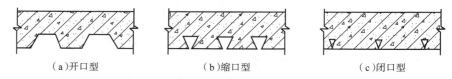

图 1-20　压型钢板-混凝土组合楼板构造类型

压型钢板-混凝土组合楼板的设计应参考相关组合楼板设计和施工规范,对其施工阶段承载力及变形进行计算,并对其使用阶段的受弯承载力、受剪承载力和正常使用极限状态进行验算,还应对其进行耐火设计。在构造方面,压型钢板浇筑混凝土面,开口型压型钢板凹槽重心轴处宽度（$b_{1,m}$）、缩口型和闭口型压型钢板最小浇筑宽度（$b_{1,m}$）不应小于 50 mm,当槽内放置栓钉时,压型钢板总高度（h_s）不宜大于 80 mm,如图 1-21 所示。

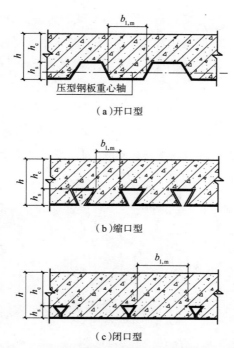

图 1-21 压型钢板-混凝土组合楼板构造要求

压型钢板常见类型及尺寸如图 1-22 所示。

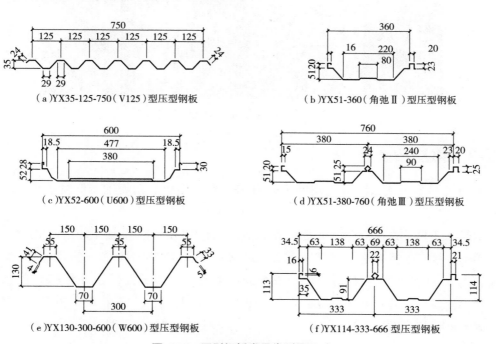

图 1-22 压型钢板常见类型及尺寸

北京银泰中心是一座集写字楼、五星级酒店和豪华服务式公寓于一体的特大型现代化超高层建筑组群，也是 CBD 地区地标性建筑。该工程总建筑面积为 35.75 万平方米，由北、东、西三座高层塔楼及裙楼组成。其中，北楼建筑总高度为 249.9 m，是北京地区首座高度超过 200 m 的全钢结构塔楼，也是目前北京地区第二高的建筑物；东、西楼建筑总高度均为 186 m，为局部劲性混凝土结构。三座高层塔楼楼板均为压型钢板-混凝土组合楼板，采用闭口型镀锌压型钢板，规格分别为 BD.65 型（肋高 65 mm、板厚 0.75 mm）、BD.40 型（肋高 40 mm、板厚 0.75 mm）；楼板厚度分别为 125 mm、110 mm；混凝土强度等级为 C40。压型钢板-混凝土组合楼板在其中的应用如图 1-23 所示。

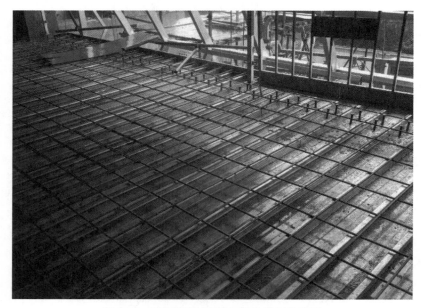

图 1-23 压型钢板-混凝土组合楼板的应用

1.3.2 钢筋桁架组合楼板

钢筋桁架组合楼板可分为钢筋桁架自承式模板楼板和钢筋桁架混凝土叠合板组合楼板。

钢筋桁架自承式模板楼板是把钢筋混凝土楼板中的钢筋提前加工成钢筋桁架，在桁架上弦端部焊接支座传力钢筋，把镀锌钢板压制成带 2 mm 肋高的波形板，采用电阻电焊的工艺将其与钢筋桁架焊接成一体，便形成钢筋桁架自承式模板楼板的一个安装单元，如图 1-24 所示。每个安装单元板块包括 3 个断面为三角形的钢筋桁架，桁架与桁架之间的距离为 188 mm，桁架高度可根据板的跨度进行设计和调整。现场施工时，将该类楼板下方波形板的板边依次扣合，支设在钢梁上，再将支座传力钢筋与梁上翼缘点焊，并焊接栓钉，随后进行其余钢筋的绑扎，便可浇筑混凝土，形成钢筋桁架自承式模板楼板。

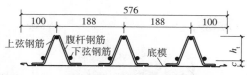

图 1-24　钢筋桁架自承式模板楼板安装单元

钢筋桁架混凝土叠合板组合楼板是将钢筋混凝土单向楼板的上下层纵向钢筋与弯折成波浪形的钢筋焊接,形成能够承受荷载的小桁架,从而与底层预制层混凝土组成一个在施工阶段不需要模板,能够承受现浇混凝土及施工荷载的结构体系。在使用阶段,钢筋桁架成为混凝土楼板配筋的一部分,与附加钢筋共同承受使用荷载。钢筋桁架混凝土叠合板组合楼板如图 1-25 所示。

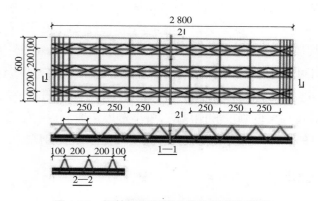

图 1-25　钢筋桁架混凝土叠合板组合楼板

1.3.3　冷弯薄壁型钢组合楼盖

冷弯薄壁型钢组合楼盖体系一般采用梁板结构,楼面梁采用 C 形截面钢梁或轻钢桁架,楼盖梁常采用 Q235 钢、Q345 钢或 Q550 钢,梁间距一般为 400~600 mm,钢材厚度通常为 0.75~1.5 mm,且钢材表面应镀锌或镀铝锌进行防护,在 C 形截面钢梁或轻钢桁架上平铺楼面结构板(如高密度木纤维水泥板、OSB 板、压型钢板上浇筑轻骨料混凝土薄板、钢筋混凝土预制楼板),梁与板之间通过螺钉或者栓钉连接,如图 1-26(a)和(b)所示。

吊顶通常采用石膏板吊顶,在吊顶上可粉刷涂料进行装饰。为提高楼盖的保温、隔热、隔声效果,可在楼盖格栅的空腔内填充玻璃纤维保温棉、喷射液体发泡材料,或在吊顶贴外保温隔热板材,如聚氨酯板、岩棉板、挤塑板等,如图 1-26(c)所示。冷弯薄壁型钢组合楼盖在低层冷弯薄壁型钢结构体系中主要起到承受和传递竖向荷载的作用,在多层住宅结构体系中除承受和传递竖向荷载至承重墙体外,还要传递水平风荷载到剪力墙,保证抗侧力结构体系的空间协同工作。

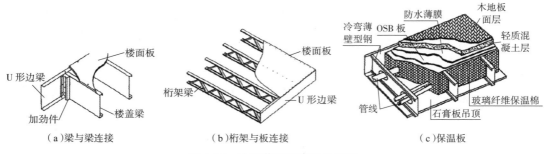

（a）梁与梁连接   （b）桁架与板连接   （c）保温板

图 1-26   冷弯薄壁型钢组合楼盖

冷弯薄壁型钢组合楼盖的设计应参照《低层冷弯薄壁型钢房屋建筑技术规程》（JGJ 227—2011），楼面构件宜采用冷弯薄壁槽形、卷边槽形型钢；楼面梁宜采用冷弯薄壁卷边槽形型钢，跨度较大时也可采用冷弯薄壁型钢桁架；楼盖构件之间宜用螺钉可靠连接。楼面梁应按受弯构件验算其强度、整体稳定性以及支座处腹板的局部稳定性。当楼面梁的上翼缘与结构面板通过螺钉可靠连接，且楼面梁间的刚性撑杆和钢带支撑的布置符合规定时，楼面梁的整体稳定性可不验算。当楼面梁支撑处布置腹板承压加劲件时，楼面梁腹板的局部稳定性可不验算。验算楼面梁的强度和刚度时，可不考虑楼面面板的组合。受力螺钉连接节点以及地脚螺栓节点的设计应符合本规程和有关现行国家标准的规定。

1.4   钢结构住宅屋面板做法

1.4.1   轻型钢框架体系房屋屋面板

轻型钢框架体系房屋的屋面板宜采用预制钢骨架轻型屋面板，也可采用预制圆孔板或配筋的水泥发泡类屋面板等，采用这类屋面板应满足《装配式轻型钢结构住宅技术规程》（DBJ 13-317—2019）的要求。屋面板与钢框架的连接以及屋面板与屋面板的连接可采用焊接、自攻螺钉连接、螺栓连接及其组合的方式连接，并宜采用螺栓连接。

当采用预制钢骨架轻型屋面板时，应满足下列要求：

（1）屋面板宜轻质、高强、防火，并应根据钢结构建筑的特点进行标准化设计；

（2）屋面板选用应符合结构规定的耐久年限要求；

（3）屋面板的燃烧性能和耐火等级应符合《建筑设计防火规范（2018 年版）》（GB 50016—2014）的相关要求；

（4）屋面板侧边应有企口，拼缝处的保温材料应连续，企口内应有填缝剂，板应紧密排列，不得有热桥。

当采用预制圆孔板或配筋的水泥发泡类屋面板时，板与钢梁搭接长度不应小于 50 mm，并应有可靠连接，采用焊接时应对焊缝进行防腐处理。

预制钢骨架轻型屋面板的设计与施工应符合以下做法要求。

（1）阳脊梁与轻型钢屋架采用自钻自攻螺钉通过连接板连接，如图1-27所示。

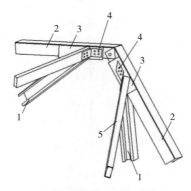

图1-27 阳脊梁与轻型钢屋架连接

1—屋架腹杆；2—屋架上弦；3—连接件；4—自钻自攻螺钉；5—阳脊梁

（2）屋脊处宜设置连接板，并用自钻自攻螺钉连接，如图1-28所示。

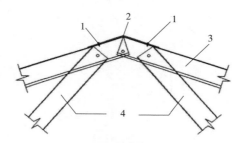

图1-28 屋脊节点

1—自钻自攻螺钉；2—连接件；3—屋架上弦；4—屋架腹杆

（3）阳脊梁、连系杆与外墙之间宜设置连接板，并用自钻自攻螺钉连接，如图1-29所示。

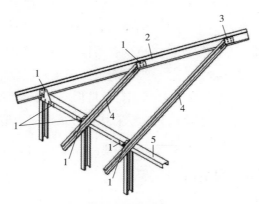

图1-29 阳脊梁、连系杆与外墙连接

1—连接件；2—阳脊梁；3—自钻自攻螺钉；4—连系杆；5—外墙顶龙骨

（4）连系杆与 T 形屋架采用自钻自攻螺钉通过连接板连接,如图 1-30 所示。

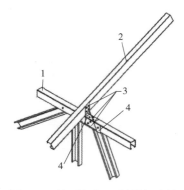

图 1-30　连系杆与 T 形屋架连接

1—T 形屋架上弦;2—连系杆;3—自钻自攻螺钉;4—连接件

（5）内承重墙与屋架间宜设置连接件,并采用自钻自攻螺钉连接,如图 1-31 所示。

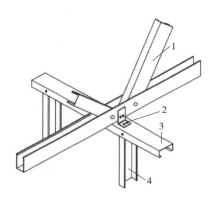

图 1-31　屋架与内承重墙连接

1—屋架腹杆;2—连接件;3—内承重墙顶部龙骨;4—内部承重墙龙骨

屋架上弦应铺设结构板或设置屋面钢带拉条。当屋架采用钢带拉条支撑时,钢带拉条与所有屋架的交点处应用螺钉连接,交叉钢带拉条的厚度不应小于 0.8 mm。屋架下弦宜铺设结构板或设置纵向支撑杆件。屋面板应至少有两根檩条支撑,屋面板与檩条的连接应采用螺栓连接或按产品专业技术规定连接。当屋面板与檩条采用自钻自攻螺钉连接时,应符合下列要求:①螺钉规格不宜小于 ST6.3;②螺钉长度应穿透檩条翼缘板且外露不少于 3 圈螺纹;③螺钉帽应加扩大垫片;④坡度较大时应有止推件抗滑移措施。验算楼面梁的强度和刚度时,可不考虑楼面板的组合作用。

1.4.2　轻型模块化钢结构组合房屋屋面板

在轻型模块化钢结构组合房屋中,根据建筑的使用环境和建筑效果需要,屋面可采用平屋面或坡屋面的形式。当采用坡屋面时,应设置桁架及跨越侧墙的檩条支撑屋面板,并应符合下列规定：

（1）桁架由采用螺栓连接的 C 型钢组成时，布置间隔不宜大于 600 mm；

（2）檩条通常采用独立的 C 型钢或 Z 型钢，檩条上方布置衬板或盖板，用来支撑屋面其他部件。

屋面应设置防水措施，且应根据建筑的重要程度及使用功能，结合工程特点及地区自然条件等按不同等级进行设防。

屋面构造应符合下列规定：

（1）屋面系统及材料应满足现行国家标准《建筑设计防火规范（2018 年版）》和《住宅建筑规范》（GB 50368—2005）的规定；

（2）屋面保温材料可采用沿坡屋面斜铺或在顶层吊顶上方平铺的方式布置，宜在屋面吊顶内设置空气隔层，以增强屋面的保温性能，当采用保温材料在顶层吊顶上方平铺的方式时，在顶层墙体顶端和墙体与屋面系统连接处应确保保温材料、空气隔层的连续性、密闭性和整体性；

（3）对于居住使用的屋顶空间，保温材料宜设置在屋面构件的外层，屋面覆盖材料和板条所用紧固件应穿过保温层，并固定于屋面构件，形成保温屋顶；

（4）在强风、台风地区的金属屋面，应进行抗风揭验算或试验验证，并采取固定加强措施；

（5）当采用架空隔热层屋面时，架空隔热层的高度应根据屋面的宽度或坡度确定，且不得堵塞，当屋面宽度大于 10 m 时应设置通风屋脊，架空隔热层底部宜铺设保温材料；

（6）严寒及寒冷地区的坡屋面、檐口部位应采取措施防止冰雪融化下坠和冰坝的形成；

（7）天沟、天窗、檐沟、檐口、水落管、泛水、变形缝和伸出屋面管道等处应采取与工程特点相适应的防水加强构造措施。

外墙保温系统构造与抗震性能研究

2.1 剪力墙区域 ALC 外墙构造与研究背景

2.1.1 研究背景与意义

随着我国城镇化率的不断提高,越来越多的人口进入城市,因此住房需求不断增加,土地资源短缺的压力也不断加大。与此同时,建筑的碳排放总量不断增加,建筑能耗占比越来越大,与之相矛盾的是能源短缺越发严峻。为了满足人民日益增长的住房需求,推动节能减排、绿色建筑和建筑产业化已成为国家倡导的建筑业新的战略发展模式。

国内外专家学者对钢结构住宅建筑进行了大量的试验、分析和应用研究,从建筑的主体结构方面深入开展力学试验及有限元分析,研究了构件、节点以及整体的力学性能。经过多年的研究与分析,已经基本解决了钢结构建筑中的结构难题,结构体系越发成熟。

钢结构住宅建筑的大力发展,也推动了与其配套的外墙围护体系的研究与发展。钢结构建筑中使用的新型围护结构材料,总体上具有材料自重轻、抗压抗弯强度高、装配率高、材料寿命长等特点,符合现阶段国家大力推广的趋势。而钢结构建筑的围护体系是一个综合而又复杂的构造体系,涉及多层墙体材料、安装节点、板缝构造、各层之间的连接构造、与主体结构的协同工作等问题。目前,外墙围护体系的研究进展还比较缓慢,体系成熟度不够,标准化程度滞后,主要存在防火性能差、外保温的耐久性差、施工质量无法可靠保证等问题,成为制约钢结构建筑发展的关键。特别是建筑墙板大面积开裂脱落的现象屡见不鲜(图2-1),这是现阶段的一大安全隐患,亟待解决。

随着建筑高度不断拔高,对外围护墙板的性能要求也越来越高,需要有牢固可靠的连接技术将外围护墙板与主体结构相连。研究适用于钢结构建筑特别是钢板剪力墙建筑的外墙板防脱落连接技术,有助于在高 50 m 以上的住宅建筑中推广应用钢结构,真正发挥钢结构的性能优势与工业化优势。

图 2-1　　建筑外墙板脱落现象

2.1.2　国内外研究现状

2.1.2.1　外墙板体系及材料

　　由于各国的国情和经济水平不同,墙体材料的发展也不同,但不论国内还是国外,其发展大都经历了从砌筑到板材的过程。在住宅建筑发展的初期,外墙主要采用砖材、砌块等材料,传统的砖材、砌块等砌筑类墙体现场工作量大、耗时耗力,且难以避免抹灰层空鼓、开裂、脱落等现象。随着经济社会的发展,节能环保、性能优良、工业化程度高的板材逐步代替了砖材、砌块,而成为应用广泛的墙体材料。

　　国外的墙板体系发展较早,20 世纪二三十年代就已经出现了轻质板材的应用;到 40 年代时,板材的使用占比大幅提高,墙体材料也开始从单层板材向多层复合墙板发展;五六十年代,世界范围内出现的能源危机,更推动了新型绿色节能墙板的发展;从 70 年代开始,轻质复合墙板大规模推广发展,各种新型复合墙板开始出现;截至现在,在一些发展比较成熟的市场,板材的占比已经达到了墙体总量的一半以上。

　　国外的板材种类丰富,工厂供应充足。单一板材主要有空心轻质混凝土墙板、ALC 条板等;复合墙板中应用较广的有石膏复合板、混凝土夹芯保温板、钢筋混凝土绝热材料复合外墙板、陶粒混凝土复合外墙板等。除对墙板材料自身的研究外,部分国家也研发了一套完整的外墙技术体系,涵盖墙板、连接件、辅材等部件,这些外墙板体系性能优良且绿色环保,可以更大限度地降低建筑能耗。

　　与国外相比,我国外墙板技术发展较晚。20 世纪 50 年代,预制构件开始发展,在一定程度上推动了建筑行业的工厂化进程。改革开放后,建筑行业的发展开始提速,国家也出台了许多建筑通用标准图集,来指导预制板材和建筑的发展。但是,当时未能解决装配式建筑的关键问题,如防水、冷桥、隔声等,故出现了一些质量问题。与此同时,现浇混凝土结构快速发展,市场开始转向现浇结构,装配式建筑的发展速度大不如前。总体来说,2010 年以前,我国建筑工业化发展速度都不如国外。从"十二五"开始,国家政策和地方法规相继颁布,装配式建筑得到了快速发展,配套材料的工业化规模大幅提升。

随着我国建筑工业化的大力发展,许多企业、机构开始致力于新型外墙板的研发,外墙板呈现出蓬勃发展的局面。目前,单一材料外墙板主要有硅酸钙板、ALC 板等;多种材料复合外墙板主要有后填充式混凝土复合板、GRC 复合板、FK 轻钢龙骨预制复合板、各类三明治板材等。整体来看,墙板体系的发展态势良好,但由于发展时间比较短且前期发展较慢,墙板材料的使用率仍不足 10%,因此墙板材料仍有很大的发展空间。

研究者通过各种科研方法和技术开展了大量的关于外墙板材料力学性能的研究,为新型墙板材料的生产和使用提供了可靠的理论依据,越来越多的材料如蒸压加气混凝土板、硅酸钙板、石膏板、保温夹芯复合墙板等应用于装配式钢结构建筑。

2.1.2.2　外墙板连接节点研究

目前,在实际项目中,外墙板与主体结构的连接节点基本上是板与框架梁、柱的连接,总体上可大致分为刚性节点(如 U 形卡节点、插入钢筋法节点)、柔性节点(如 ADR 节点)和半刚性节点(如钩头螺栓节点)三大类。

U 形卡节点使用广泛,主要应用于隔断墙及复合墙板,其构造如图 2-2 所示。在墙板的加工过程中,应在墙板角部的连接处放置预埋件;安装时将墙板按预定位置放置妥当后,采用焊接形式将预埋件与铁件相连,再将 U 形铁件与梁或柱牢固焊接。此类连接节点易施工、成本低,在内嵌式墙板中应用较多,但 U 形铁件限制了墙板的转动,不利于墙板随主体变形,属于刚性连接,容易造成墙板的破坏。

钩头螺栓节点在外墙 ALC、AAC 板应用广泛,构造如图 2-3 所示。该类连接节点需在钢梁上预先焊接一 L 形通长角钢,然后将钩头螺栓的弯钩侧与角钢焊接,另一侧穿过墙板后旋紧螺母从而将墙板固定。此类连接节点施工较为方便、造价较低,但安装时需要在墙板上预留孔洞,会损伤板材,可应用于多层建筑,但不太适用于高层建筑。

ADR 节点在日本使用较多,其节点形式与钩头螺栓节点类似,但由于其相对较高的成本和复杂的施工,在国内并未广泛采用。与钩头螺栓节点相比,ADR 节点增加了一个特制的 S 形板,安装时将 S 形板与角钢焊接,再将 S 形板与直螺杆相连,构造如图 2-4 所示。由于 S 形板上开设长圆孔,因此它对墙板和框架的变形具有更好的协调性。

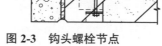
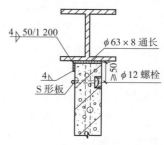

图 2-2　U 形卡节点　　　　图 2-3　钩头螺栓节点　　　　图 2-4　ADR 节点

针对不同连接节点的性能,国内外专家学者进行了大量的有限元模拟和试验研究,并对现有连接节点进行了改进,实现了外墙板与框架主体结构的可靠连接。

2.1.2.3　外墙板对主体抗侧性能影响研究

经过国内外专家学者的深入研究,明确了外墙板对主体结构抗侧性能的影响,外墙板作为填充墙可采用等效斜撑模型,从而能够在一定程度上提高主体结构的抗侧性能。

2.1.2.4　研究现状小结

(1)目前国内外诸多专家学者对钢结构外墙板材料的抗弯、抗压等力学性能进行了深入研究,开发了大量新型墙板材料,这些材料获得了广泛应用。但研究对象主要集中在外墙板单层材料性能上,未对防火、保温、装饰、多层综合等展开研究。

(2)目前研究多针对外墙板与钢框架在地震荷载作用下平面内的抗侧性能及承载力,对于地震荷载作用下平面外的墙板破坏情况未进行深入研究。

(3)外墙板连接形式多为与钢框架连接,研究人员通过大量研究提出了一套成熟的外墙板与框架梁的连接节点方案,并进行了优化改进。但尚未有针对钢板剪力墙与墙板连接的研究,剪力墙外挂墙板的连接形式还处于探索阶段,其是否能够应用于高 80 m 及以上高层住宅建筑有待进一步研究验证。

(4)国内外专家学者对建筑外墙板的抗震性能进行了部分研究,但主要集中在混凝土建筑与钢框架建筑的单层墙板(如保温板、饰面层等)的抗震响应,未对组合剪力墙建筑(包含防火板、保温板、饰面层)的整个外墙板体系进行研究;组合剪力墙外挂墙板的抗震性能以及外保温板与防火薄板的连接性能仍有待进一步研究。

2.1.3　本章主要研究内容

本章提出适用于装配式组合剪力墙的建筑外墙板防脱落连接构造,主要研究内容如下。

(1)对国内外钢结构建筑常用外墙板材料进行调研分析,综合考虑性能、环保、施工、成本等,得到适用于装配式组合剪力墙体系的墙板材料,并针对该结构体系进行墙板构造设计。

(2)开展装配式组合剪力墙建筑外墙板防脱落连接构造抗震试验研究。拟设计 3 组足尺的装配式组合剪力墙外墙板模型,对其进行拟静力试验研究,研究组合剪力墙外墙板体系在水平低周往复荷载作用下各部分构件的破坏顺序与破坏特征,得到结构的抗震性能和破坏机理,并对比分析 ALC 板开孔形式、岩棉板连接形式等对墙板系统抗震性能的影响。

(3)利用有限元软件 ABAQUS 对外墙板体系受力特征和破坏机理进行数值模拟与理论分析,讨论 ALC 板连接螺栓位置、ALC 板开孔长度、岩棉板黏结率、墙板所处高度等对外墙板体系受力与变形的影响,从而得到性能优良、经济合理的外墙板连接技术。

(4)基于试验研究与有限元模拟分析,提出装配式组合剪力墙建筑外墙板连接构造的优化设计建议与施工建议,分析组合剪力墙体系应用现状,建立外墙板安全性评价体系。

本章研究的技术路线如图 2-5 所示。

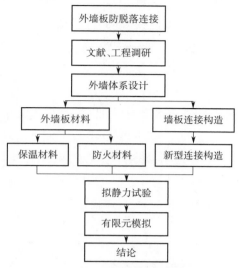

图 2-5　本章研究的技术路线

2.2　外墙外挂材料抗震安全性能试验

2.2.1　引言

由于异形柱框架-钢板组合剪力墙体系建筑应用较少,相应的外墙板配套连接技术还未有系统性的分析研究,ALC 板与钢板剪力墙的连接节点、保温装饰一体板与主体结构的连接形式基本为墙板生产厂家结合工程实际自主设计,没有普适性、规范性的图集标准指导。地震荷载作为外墙板主要承受的荷载之一,其作用不可忽略。为明确现阶段工程中应用的外墙板连接技术的抗震性能,需要对其进行试验研究,因此设计了 3 个足尺外墙板构造试件的水平低周滞回加载试验,观察各试件的试验现象和破坏过程,分析研究外墙板连接体系的破坏形式,明确外墙板在不同位移角变形下的受力特性与形态,得到组合剪力墙外墙板防脱落连接技术的抗震性能,为外墙板在高 50 m 以上高层建筑中的应用提供试验基础。

2.2.2　试验概况

2.2.2.1　试验目的

（1）研究现阶段工程中应用的外墙板构造在水平低周往复荷载作用下,结构变形达到不同位移角时外墙板构造的力学响应,分析连接构造的抗震性能,得到外墙板体系在水平低调往复荷载作用下的破坏发展规律。

（2）研究外墙板连接构造在水平低周往复荷载作用下的工作机理、破坏形式,改变外墙板与主体结构、外墙板不同层级间的连接构造,对比考察不同连接构造对外墙板材料受力及变形的影响,从而得到性能优良、经济合理的外墙板连接构造。

(3)通过试验得出相关结论,为防止装配式组合剪力墙外墙板脱落提出改进的技术方案,从建筑构造角度为装配式组合剪力墙体系提供设计建议及理论依据,保证外墙板体系的安全性。

2.2.2.2　试件设计与制作

充分考虑墙板构造试验的效果,本试验采用足尺模型,共设计 3 个带有完整外墙板体系的组合剪力墙外墙板试件,分别标记为 QSJ-1,QSJ-2,QSJ-3。试件主体结构采用方钢管柱作为边缘构件,两片钢板剪力墙通过对拉螺杆塞焊连接,钢管柱与钢板剪力墙内填 C40 灌浆料。根据《钢板剪力墙技术规程》(JGJ/T 380—2015)第 7.1.4 条规定,经计算,对拉螺杆间距取 200 mm。试件主体结构如图 2-6 所示,具体设计参数见表 2-1。

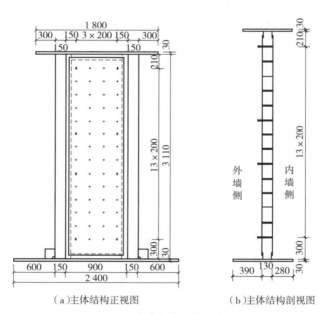

（a）主体结构正视图　　　　（b）主体结构剖视图

图 2-6　试件主体结构示意图

表 2-1　试件主体结构具体设计参数（ mm ）

试件编号	墙体厚度	墙高×墙长	钢板厚度	方钢管截面长×宽	方钢管壁厚
QSJ-1	142	3 110 × 900	6	150 × 150	14
QSJ-2	142	3 110 × 900	6	150 × 150	14
QSJ-3	142	3 110 × 900	6	150 × 150	14

本试验试件中,外墙防火材料采用 ALC 板,通过延长钢板对拉螺杆将 ALC 板外挂于剪

力墙上；保温材料选择岩棉保温板及保温装饰一体板，岩棉保温板通过粘锚结合方式与ALC板相连，保温装饰一体板则采用厂家提供的连接节点连接。为增加试验变量，外墙板外侧墙板分为左右两半，采取不同的构造形式作为对比。本试验共设置ALC板开孔形式、ALC板与主体结构接缝处理方式、岩棉板连接形式、岩棉板锚固形式、材料等不同参数，板材几何尺寸见表2-2，具体试件参数见表2-3。

表 2-2　板材几何尺寸(mm)

材料	ALC 板	岩棉板	保温装饰一体板
尺寸	600 × 1 500 × 50	600 × 1 200 × 50	600 × 1 200 × 50

表 2-3　具体试件参数

试件编号及部位		防火层	保温层	饰面层
QSJ-1	外墙左半面	ALC 板开圆孔，与主体间无处理	粘锚，6 个锚栓两列布置	抹灰
	外墙右半面	ALC 板开圆孔，与主体间无处理	粘锚，6 个锚栓三列布置	抹灰
	内墙	防火涂料	无	抹灰
QSJ-2	外墙左半面	ALC 板开长圆孔，与主体间无处理	纯锚，6 个锚栓两列布置	抹灰
	外墙右半面	ALC 板开长圆孔，与主体间无处理	粘锚，6 个锚栓两列布置	抹灰
	内墙	防火涂料	无	抹灰
QSJ-3	外墙左半面	ALC 板开圆孔，与主体间抹灰处理	粘锚，6 个锚栓两列布置	抹灰
	外墙右半面	ALC 板开圆孔，与主体间抹灰处理	保温装饰一体板	保温装饰一体板
	内墙	防火涂料	无	抹灰

试件 QSJ-1 外墙 ALC 板通过剪力墙对拉螺栓外挂于主体结构上，ALC 板上开圆孔，与主体结构间无填缝处理；岩棉板采用粘锚结合方式连接，锚栓数量为 6 个；饰面层依次采用抹灰、刮防水腻子、涂乳胶漆处理。

试件 QSJ-2 外墙 ALC 板通过剪力墙对拉螺栓外挂于主体结构上，ALC 板上开长圆孔，与主体结构间无填缝处理；岩棉板采用纯锚结合方式连接，锚栓数量为 6 个；饰面层依次采用抹灰、刮防水腻子、涂乳胶漆处理。试件 QSJ-1、QSJ-2 几何尺寸与构造详图如图 2-7 所示。

试件 QSJ-3 外墙 ALC 板与主体结构间先进行抹灰处理，然后通过剪力墙对拉螺栓外挂于主体结构上，螺栓孔形式为圆孔，左侧采用岩棉板粘锚结合，右侧采用保温装饰一体板。试件 QSJ-3 几何尺寸与构造详图如图 2-8 所示。

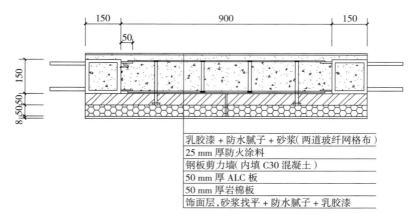

乳胶漆 + 防水腻子 + 砂浆(两道玻纤网格布)
25 mm 厚防火涂料
钢板剪力墙(内填 C30 混凝土)
50 mm 厚 ALC 板
50 mm 厚岩棉板
饰面层,砂浆找平 + 防水腻子 + 乳胶漆

图 2-7　试件 QSJ-2 尺寸及构造详图

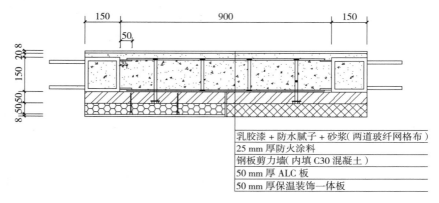

乳胶漆 + 防水腻子 + 砂浆(两道玻纤网格布)
25 mm 厚防火涂料
钢板剪力墙(内填 C30 混凝土)
50 mm 厚 ALC 板
50 mm 厚保温装饰一体板

图 2-8　试件 QSJ-3 尺寸及构造详图

为研究岩棉板锚栓排布方式对构造性能的影响,试件 QSJ-1 的外墙左、右半面分别采用两列布置和三列布置的形式,数量均为每板 6 个,如图 2-9 所示。

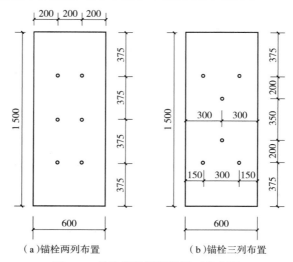

（ a ）锚栓两列布置　　　　　　　（ b ）锚栓三列布置

图 2-9　单块岩棉板锚栓排列示意图

为研究 ALC 板上螺栓孔形式对构造性能的影响,试件 QSJ-1 和 QSJ-3 开设圆孔,试件 QSJ-2 开设长圆孔。ALC 板开孔方式如图 2-10 所示。

保温装饰一体板连接件由厂家配套给出,如图 2-11 所示。

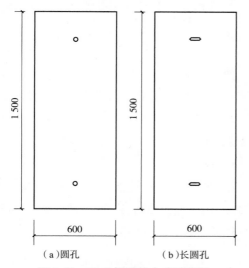

（a）圆孔　　　　　（b）长圆孔

图 2-10　ALC 板开孔方式示意图

图 2-11　保温装饰一体板连接件示意图

2.2.2.3　试验条件及加载装置

本试验的试验场所为天津大学结构实验室,主要试验设备为 300 t 反力架及反力墙。其中,试件底板通过螺栓与实验室原有的基础梁连接,基础梁与实验室地面用锚栓及两侧限位梁固定,这样做可以将试件底部的边界条件视为固接;为提高试验安全性,保证试验过程中试件平面外位移而设计了过渡梁,通过足够的螺栓将过渡梁与试件顶部端板固定;加载梁置于过渡梁上,二者通过螺栓固定,试验过程中使用 300 t 液压千斤顶在加载梁上施加水平方向的低速滞回荷载。试验加载装置如图 2-12 所示。

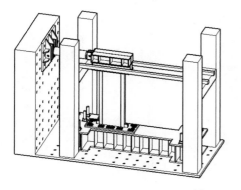
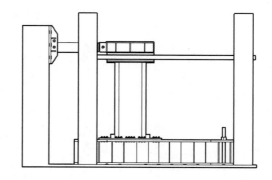

图 2-12　试验加载装置图

试验加载过程可分为预加载和正式加载两个阶段,整个过程均采用由位移控制的加载制度。在正式加载之前先进行预加载,预加载取大小为 1/1 000 的水平位移循环 1 次,然后卸载。正式加载以层间位移角(单位为"1",可认为无单位)进行控制,共分 13 级加载,分别为 1/1 000、1/800、1/600、1/500、1/400、1/300、1/250、1/200、1/150、1/100、1/80、1/60、1/50,每级荷载循环 3 次。当荷载下降至峰值荷载的 85%,或者墙板开裂严重甚至脱落时,立即停止加载。

2.2.2.4　测量内容与测点布置

试验过程中的主要测量观察内容有试件上施加的水平荷载、试件平面内沿水平方向的水平位移、外墙板平面外位移、试件关键点的应变等。为保证分析观察结果的有效性,本次试验测量方法如下。

(1)水平荷载:水平千斤顶端头连接一传感器,用于测量水平荷载,试验过程中传感器自动采集数据,并传输至 WKD3813 多功能静态应变仪。

(2)平面内水平位移:采用位移计测量,在试件顶端布置位移计 X-1,用于收集试件顶部水平位移;在试件中部及底部布置位移计 X-2、X-3,用于监控试件变形;同时在底板布置位移计 X-4,监测底板与基础梁之间的相对滑移;在底板上表面布置位移计 Y-1、Y-2,根据 Y-1 和 Y-2 的值确定底板是否转动。

(3)外墙板平面外位移:试件内外两侧对应位置布置位移计 Z-1 至 Z-16,通过试验过程中两相应位置位移计差值的变化得到外墙板平面外位移。位移计布置如图 2-13 所示。

(4)应变:采用胶基箔式应变片测量试验过程中钢柱、钢板和外墙板的实时应变,并通过 WKD3813 多功能静态应变仪收集应变数据。应变片布置如图 2-14 所示。

(5)板材及节点破坏形式:观察和记录试验全过程中板材开裂、裂缝发展情况及脱落现象,直至试件破坏。

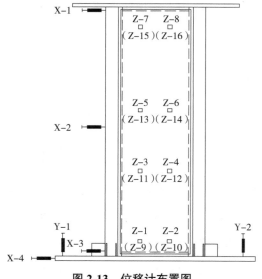

图 2-13　位移计布置图

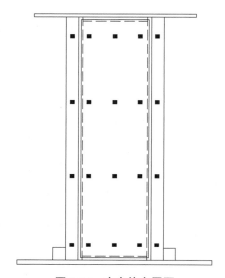

图 2-14　应变片布置图

2.2.3 试验现象

2.2.3.1 QSJ-1试验现象

试验采取预先设定的加载制度,从层间位移角1/1 000即位移为3 mm开始加载,直至1/50即位移为60 mm停止。

当位移角达到1/1 000时,试件无明显可见的变化,外墙板无开裂现象,整体处于弹性阶段。当位移角达到1/400即位移为7.5 mm时,外墙板与主体之间、板材之间的连接缝开始出现裂缝,右半面岩棉板上下拼缝局部开裂,ALC板与主体拼接处开裂,内墙无明显破坏现象,如图2-15所示。

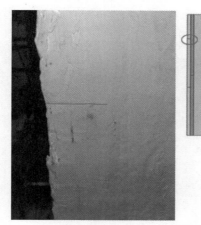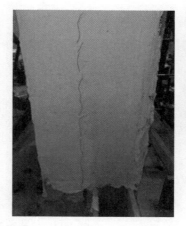

（a）右半面岩棉板上下拼缝局部开裂　　　　　（b）ALC板与主体拼接处开裂

图2-15　位移角为1/400时试验现象

当位移角达到1/300即位移为10 mm时,ALC板与主体拼接处裂缝扩展且有少量斜向裂缝产生,正面右半面岩棉板上下拼接处开裂,且在往复荷载作用过程中裂缝有少许发展,如图2-16所示。当位移角达到1/250即位移为12 mm时,正面左半面岩棉板上下拼接处开裂,内墙在钢板上下约300 mm范围内出现轻微鼓曲,墙面无明显裂缝。

当位移角达到1/200即位移为15 mm时,正面岩棉板竖向拼接处开裂,且在第二次循环加载时正面竖向裂缝进一步发展,且加载过程中有ALC板粉末掉落,如图2-17所示。

当位移角加载至1/120即位移为25 mm时,试件发出一声巨响,柱脚加劲肋与底板焊缝开裂,正面竖向裂缝迅速发展贯通,ALC板掉落较大碎块,如图2-18所示。当位移角加载至1/100即位移为30 mm时,正面横向裂缝与竖向裂缝均全面贯通,开裂明显。

当位移角加载至1/80即位移为37.5 mm时,柱脚加劲肋与底板焊缝开裂进一步发展,ALC板与主体间裂缝发展贯通。当位移角加载至1/50即位移为60 mm时,右半面柱脚与底板开裂,停止加载。QSJ-1试件最终破坏如图2-19所示。

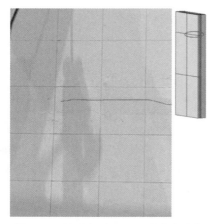

图 2-16　位移角为 1/300 时试验现象

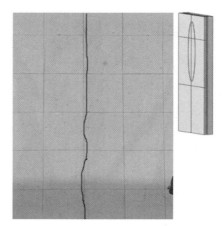

图 2-17　位移角为 1/200 时试验现象

（a）柱脚加劲肋与底板焊缝开裂

（b）ALC 板掉落碎块

图 2-18　位移角为 1/120 时试验现象

（a）正视图

（b）左视图

（c）右视图

图 2-19　QSJ-1 试件最终破坏图

试验结束后,拆除外侧岩棉板,观察 ALC 板的开裂与破碎情况,发现 ALC 板竖向拼接处存在挤压破坏现象;ALC 板顶部与顶板相互挤压,出现挤压破碎,角部缺损;ALC 板底部也出现挤压开裂现象;此外,ALC 板的螺栓孔周围也有挤压开裂现象,如图 2-20 所示。

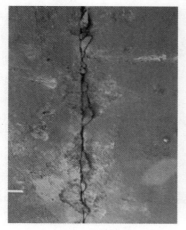 

（a）竖向拼接处破坏   （b）底部挤压破坏

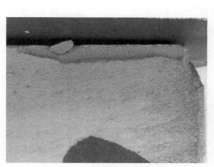 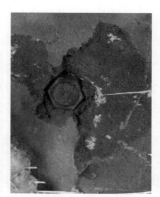

（c）顶部挤压破坏   （d）螺栓孔周围挤压破坏

图 2-20 QSJ-1 试件 ALC 板破坏图

2.2.3.2 QSJ-2 试验现象

试验过程中,当位移角达到 1/500 即位移为 6 mm 时,ALC 板与主体拼接处开始出现裂缝,与 QSJ-1 相比开裂较早;ALC 板与主体裂缝宽度较大,比 QSJ-1 裂缝更为明显;而 QSJ-2 正面裂缝开展时间较 QSJ-1 晚,竖向裂缝未贯通,正面整体开裂现象较轻微;且 QSJ-2 的 ALC 板碎屑掉落现象比 QSJ-1 少,无较大碎块掉落,可认为 ALC 板本身破坏较 QSJ-1 小;采用纯锚连接的岩棉板与 ALC 板拼缝开裂较明显,采用粘锚连接的岩棉板则无明显开裂;纯锚连接的岩棉板正面上下拼缝开裂比粘锚连接早,且开裂更为明显。QSJ-2 试件最终破坏如图 2-21 所示。

（a）正视图　　　　　　　　　（b）左视图　　　　　　　　（c）右视图

图 2-21　QSJ-2 试件最终破坏图

2.2.3.3　QSJ-3 试验现象

　　试验过程中,当位移角达到 1/500 即位移为 6 mm 时,ALC 板与保温装饰一体板拼接处开始出现裂缝,加载过程中保温装饰一体板与 ALC 板拼缝开裂较为明显,但整个加载过程中保温装饰一体板上下拼缝未开裂;与 QSJ-1 相比,QSJ-3 的 ALC 板与主体之间抹灰处理对墙板开裂破坏影响较小。QSJ-3 试件最终破坏如图 2-22 所示。

（a）正视图　　　　　　　　　（b）左视图　　　　　　　　（c）右视图

图 2-22　QSJ-3 试件最终破坏图

2.2.3.4 试验现象总结

3 个试件在试验过程中的破坏形式基本为墙板与主体、墙板不同层级之间拼接处开裂破坏，均未出现严重的节点破坏、墙板脱落破坏现象。外墙系统在位移角 1/500 至 1/400 时开始出现肉眼可见的裂缝，在《钢板剪力墙技术规程》中规定的 1/400 位移角下未出现严重破坏；当位移角为 1/150 时出现大面积较严重裂缝，部分裂缝发展贯通；当位移角为 1/80 至 1/60 时结构主体基本达到承载力极限，外墙板体系各板拼接处裂缝也达到贯通破坏，但墙板未出现严重脱落破坏现象。各试件在试验过程中的现象总结见表 2-4。

表 2-4 各试件在试验过程中的现象总结

加载幅值	QSJ-1		QSJ-2		QSJ-3	
	左半面	右半面	左半面	右半面	左半面	右半面
1/500	—	—	—	ALC 板采用长圆孔，侧面开裂较早	—	保温装饰一体板侧面开裂
1/400	侧面开裂	侧面开裂，正面横向开裂	正面横向开裂	正面横向开裂	侧面开裂	侧面开裂
1/300	—	—	侧面开裂	ALC 板碎屑掉落	正面横向开裂	—
1/250	正面横向开裂	—	—	—	—	—
1/200	正面竖向开裂	正面竖向开裂	—	—	—	—
1/150	—	—	侧面裂缝贯通	正面竖向开裂	侧面裂缝贯通，腻子掉落	保温装饰一体板侧面裂缝贯通
1/120	正面竖向裂缝贯通	正面竖向裂缝贯通	—	—	—	—
1/100	正面横向裂缝贯通	正面横向裂缝贯通	柱脚加劲肋焊缝开裂	—	正面横向裂缝贯通	—
1/60	侧面裂缝贯通	侧面裂缝贯通	正面横向裂缝贯通	正面横向裂缝贯通	柱脚加劲肋与底板裂缝贯通	
1/50	柱脚加劲肋与底板裂缝贯通		柱脚加劲肋与底板裂缝贯通		—	

2.2.4 试验结果与分析

2.2.4.1 滞回曲线

滞回曲线是指构件在循环荷载作用下荷载与位移之间的关系曲线，它是评价构件抗震性的一个重要指标。本试验中的水平荷载由液压千斤顶上连接的传感器采集，水平位移由布置在构件顶端的水平位移计获得，试件 QSJ-2 和 QSJ-3 的滞回曲线如图 2-23 和图 2-24 所示。

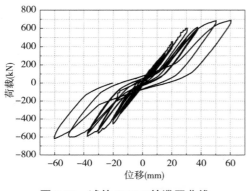

图 2-23 试件 QSJ-2 的滞回曲线

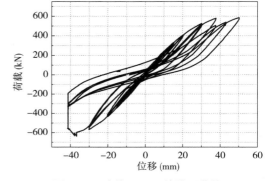

图 2-24 试件 QSJ-3 的滞回曲线

可以看出,在加载的初始阶段位移较小,加载曲线和卸载曲线基本呈斜直线状态且吻合度较高,试件几乎无残余变形,也没有刚度退化现象,未进入塑性阶段;随着试验继续,滞回曲线在中部捏缩,说明试件存在一定的滑移,卸载过程中曲线斜率有明显减小,说明试件存在一定的塑性变形,主体结构达到屈服点,进入塑性阶段。

2.2.4.2 骨架曲线

骨架曲线是将各级荷载在重复循环过程中的最大值相连得到的曲线,能够反映结构的承载力、刚度、变形和延性等性能。试件 QSJ-2 和 QSJ-3 的骨架曲线如图 2-25 所示。可以看出,试件 QSJ-2 和 QSJ-3 的初始刚度基本相同,说明外墙板的不同连接形式对试件整体刚度影响不大;峰值荷载相差不大,说明外墙板连接方式的不同对主体结构承载力影响较小。这是由于双钢板组合剪力墙自身刚度很大,不同于抗侧刚度较小的框架结构,围护结构对整体结构性能影响占比非常小。

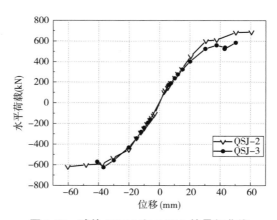

图 2-25 试件 QSJ-2 和 QSJ-3 的骨架曲线

2.2.4.3 平面外位移分析

通过布置在试件平面外的垂直位移计可以测得外墙板平面外的位移。试验过程中,各试件在不同位移角下的最大平面外位移见表 2-5,不同连接构造平面外位移对比如图 2-26 所示。

表 2-5　各试件在不同位移角下的最大平面外位移（mm）

加载幅值	QSJ-1		QSJ-2		QSJ-3	
	左半面	右半面	左半面	右半面	左半面	右半面
1/500	1.42	1.6	1.26	0.49	0.8	1.56
1/400	1.71	1.81	1.61	1.08	1.18	1.93
1/300	1.85	2.06	1.8	1.38	1.5	2.23
1/250	1.81	2.16	1.92	1.48	1.9	2.03
1/200	1.8	2.6	1.99	1.77	2.3	2.45
1/150	2.2	3.26	2.52	2.1	2.4	2.89
1/100	3.42	3.68	2.82	2.45	2.75	5.27
1/80	3.87	4.26	3.27	2.64	4.46	7.89
1/60	4.07	4.73	3.61	2.71	5.5	8.87
1/50	4.47	5.05	4.14	3.19	—	—

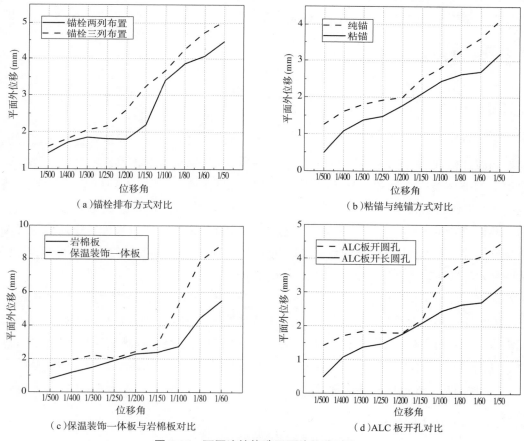

（a）锚栓排布方式对比　　　　　　（b）粘锚与纯锚方式对比

（c）保温装饰一体板与岩棉板对比　　　　（d）ALC 板开孔对比

图 2-26　不同连接构造平面外位移对比

通过对 3 个试件墙板平面外的位移分析，可以得到以下结论。

（1）各组墙板的平面外位移均随着水平位移增大而增大，平面外位移在 0.5~9 mm 范围内，未出现大幅度的平面外位移，各种连接形式的构造做法均可以实现牢固可靠的连接，未出现墙板脱落等严重破坏，说明本章研究的构造做法不会在平面内受力变形过程中出现墙体脱落破坏。

（2）试件 QSJ-1 在加载过程中左侧墙板平面外位移小于右侧，表明岩棉板锚栓在相同数量下两列布置优于三列布置，两列布置能更有效地避免岩棉板向平面外位移。

（3）试件 QSJ-2 左侧岩棉板采用纯锚结合方式连接，右侧岩棉板采用粘锚结合方式连接。由图 2-26（b）可以看出，采用粘锚结合方式的外墙板平面外位移整体小于采用纯锚结合方式的外墙板平面外位移。

（4）试件 QSJ-1 与 QSJ-2 相比可以看出，ALC 板开设长圆孔可以减少外墙板平面外位移，降低墙板脱落风险，提高连接可靠性。

（5）保温装饰一体板所采用连接件由墙板厂家提供，连接件上有平面外方向的长圆孔，墙板存在向平面外位移的滑移量，因而试验中保温装饰一体板的平面外位移量最大。但试验过程中连接件无明显破坏，可提供有效连接。

2.3　数值模拟与参数化分析

2.3.1　引言

本章第 2 节对不同连接构造的外墙板进行了滞回试验，研究了外墙板连接构造的抗震性能和破坏机理，得到了相应的结论。为了更深入地研究外墙板体系在水平低周往复荷载作用下的破坏发展规律和力学性能，本节采用目前使用最广泛的 ABAQUS 软件对外墙板构造进行非线性数值分析，分析外墙板构造中各关键部位的受力特征和破坏机理，对比试验结果验证分析的准确性。在此基础上，通过参数化分析，研究 ALC 板连接螺栓位置、ALC 板螺栓孔开孔长度、岩棉板黏结率等参数对外墙板防脱落连接性能的影响，从而得到合理高效的外墙板防脱落连接技术，为工程应用提供指导。

此外，在地震作用下，建筑物不仅会产生层间位移变形，而且会产生相应的加速度且加速度的大小随所处高度的变化而变化。为了获得外墙板构造在地震作用下不同高度的加速度响应，本节采用 MIDAS 软件模拟实际结构，并进行时程分析，得到结构加速度反应；然后将加速度换算为惯性力作用到外墙板构造中，分析外墙板构造的响应，探究外墙板破坏形态，考察外墙板所处高度的影响规律。

2.3.2　有限元模型的建立

2.3.2.1　材料本构关系

本构关系是应力张量和应变张量之间的关系，能够综合反映结构或材料的宏观力学性质,是有限元模拟中非常重要的一环。为了能够真实地反映外墙板构造在各种荷载作用下的应力、应变响应,首先要得到能够准确反映材料真实特性的关系模型。

本节建立的建筑外墙板构造模型主要包括钢材、混凝土、ALC 板、岩棉板。其中,钢材采用二次塑流模型,混凝土采用损伤塑性模型,参数由试验测得,ALC 板和岩棉板参数见表 2-6 和表 2-7。

表 2-6　ALC 板材料参数

项目	密度（kg/m³）	弹性模量（MPa）	泊松比	抗压强度（MPa）	抗拉强度（MPa）
数值	412	1 700	0.2	2.88	0.28

表 2-7　岩棉板材料参数

项目	密度（kg/m³）	弹性模量（MPa）	泊松比	抗压强度（MPa）	抗拉强度（MPa）
数值	140	6.2	0.226	0.6	0.2

2.3.2.2　接触模型

本节的有限元模拟中,涉及的接触较多,主要有钢板(管)与混凝土之间的接触、钢板与 ALC 板之间的接触、ALC 板间的接触、岩棉板间的接触以及 ALC 板与岩棉板之间的接触。

为简化设置,对于钢板(管)与混凝土之间的接触、钢板与 ALC 板之间的接触、ALC 板间的接触、岩棉板间的接触,均可采用同种接触行为,即法向采用硬接触,切向模拟采用库伦摩擦模型,摩擦系数取 0.5;为模拟 ALC 板与岩棉板间的黏结,在 ALC 板与岩棉板之间的接触中设置黏性行为,黏结刚度为 0.5 N/mm,黏结强度为 7.5 kPa。剪力墙主体中的栓钉、对拉螺栓以及岩棉板锚杆均内置于相应实体单元中。

2.3.2.3　单元类型选取和网格划分

为简化计算,在建模过程中所有部件均采用 C3D8R 单元,如此能够有效减少计算时间,同时能够保证较为符合实际情况的位移求解结果,当网格存在畸变时也能保证分析精度。

一般来说,在软件中划分网格时,网格数量越多,计算结果越接近真实情况,但计算的时间也会相应增加,结果不收敛的概率也会相对较大;而网格数量较少的话,可能会与构件实际受力存在较大偏差,但模型相对来说更容易收敛。因此,划分网格时需通过不断调整网格的数量和大小来找到最合适的划分方式。由于本节的研究重点为外墙防火板与保温板,故对主体结构的钢管与钢板剪力墙的网格划分较粗,而对外墙板的网格划分较细,划分网格后的模型如图 2-27 所示。

2.3.2.4　边界条件及加载方式

本章中双钢板组合剪力墙的边界条件与加载方式简单并且明确。为了便于对试件进行边界约束和加载,在试件顶部和底部分别设置一个参考点,将边界和加载面与参考点进行耦合,然后在设置边界条件和施加荷载时只需对参考点进行设置。模型底部采用完全固定方式,即 $U_x=U_y=U_z=\theta_x=\theta_y=\theta_z=0$。在模型顶部参考点施加水平荷载,加载方式与试验一致。同时,在试件顶部施加轴压比为 0.3 的轴压力。图 2-28 所示为具体的边界条件和加载方式。

图 2-27   模型网格划分

图 2-28   荷载及边界条件

2.3.3   有限元结果分析

2.3.3.1   应力分析

在加载过程中,结构主体应力由方钢管柱脚呈带状斜向扩散至柱顶,当位移角达到 1/400 时钢管柱脚处局部达到屈服;随着位移荷载增加,钢管与钢板应力逐渐增大,当位移角达到 1/250 时钢板大面积屈服,当位移角达到 1/200 时钢管柱脚处出现轻微鼓曲现象;而后随着荷载增加,钢管和钢板上下端鼓曲面积逐渐增大,鼓曲现象也越来越明显。

最终的主体结构 Mises 应力云图如图 2-29 所示。可以看出,钢板与钢管的应力较大,在钢管柱脚位置最大应力达到 450 MPa,且在钢管和钢板上下约 300 mm 范围内出现鼓曲现象。模拟结果与试验基本一致。

在加载过程中,ALC 板螺栓孔处最先受压产生应力,随后应力由螺栓孔处开始呈带状斜向扩散;随着位移荷载增大,ALC 板内应力逐渐增大,且板的一侧拼接竖缝侧应力较板的另一侧大,螺栓孔处局部存在应力集中。当位移角达到 1/250 时,螺栓孔处的应力集中现象已较为明显,孔壁处应力达到 3.0 MPa,孔壁内侧因挤压出现轻微变形,左右 ALC 板拼接处也出现约 0.5 mm 的间隙。当位移角达到 1/100 时,在螺栓孔及钢板鼓曲范围内有明显应力集中,螺栓孔内壁变形明显,左右 ALC 板拼接处间隙达到 1.2 mm。

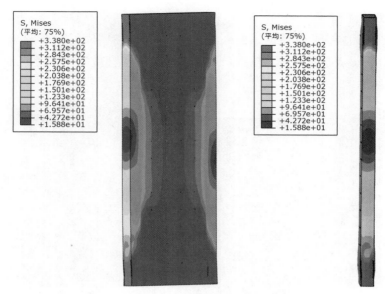

图 2-29　最终的主体结构 Mises 应力云图

最终的 ALC 板 Mises 应力云图如图 2-30 所示。可以看出，ALC 板应力主要分布在两板拼接处，且距上下板端约 300 mm 处应力较大，与主体钢板鼓曲位置大致相同。在加载过程中，ALC 板的最大应力集中在上下螺栓孔处，且当位移角达到 1/50 时螺栓孔处应力达到 3.620 MPa，超过了 ALC 板的抗压强度，螺孔处挤压变形明显，发生挤压破坏。此外，在加载过程中，左右 ALC 板拼接处应力较大，同时会产生挤压变形。

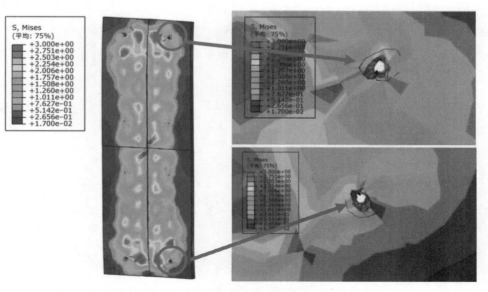

图 2-30　最终的 ALC 板 Mises 应力云图

2.3.3.2 位移分析

外墙 ALC 板和岩棉板体系的平面外位移云图如图 2-31 所示。可以看出,外墙板体系上下端出现翘曲,最大位移处为 ALC 板顶端竖向拼接处,且最大位移为 5.266 mm,与试验结果相比误差较小。

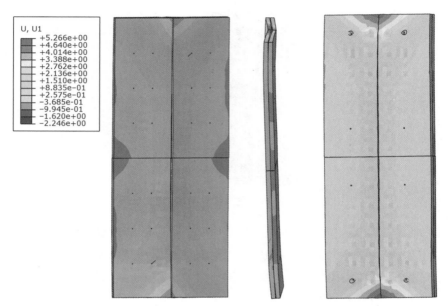

图 2-31　外墙板体系平面外位移云图

不同位移角下的外墙板平面外位移曲线如图 2-32 所示。可以看出,在位移角达到 1/400 之前墙板的平面外位移很小,当位移角达到 1/250 时平面外位移达到 0.6 mm,当位移角达到 1/150 后钢板剪力墙上下端出现鼓曲,墙板平面外位移也随之迅速增加。

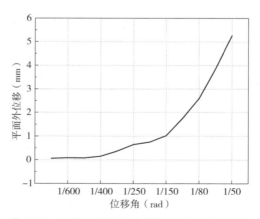

图 2-32　不同位移角下外墙板平面外位移曲线

2.3.3.3 接触分析

图 2-33 和图 2-34 所示为 ALC 板与钢板、岩棉板的接触应力云图。可以看出，ALC 板与钢板的接触应力最大为 4.127 MPa，表明主体结构所受的水平地震荷载通过接触传递至 ALC 板的荷载较大。

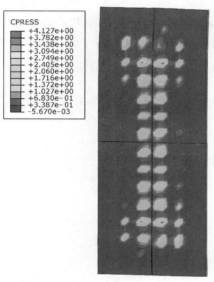
图 2-33 ALC 板与钢板接触应力云图

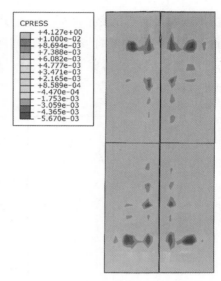
图 2-34 ALC 板与岩棉板接触应力云图

图 2-35 所示为岩棉板与 ALC 板的接触应力云图，其最大值为 6.360 kPa。图 2-36 所示为岩棉板与 ALC 板的黏结应力云图，其最大值为 4.785 kPa，小于岩棉板的拉伸黏结强度 7.500 kPa。

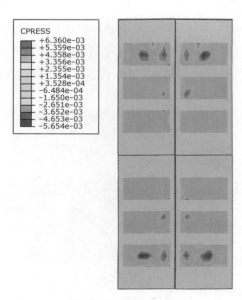
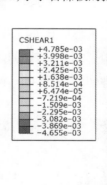
图 2-35 岩棉板与 ALC 板接触应力云图

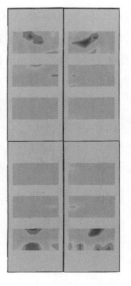
图 2-36 岩棉板与 ALC 板黏结应力云图

2.3.4 参数化分析

2.3.4.1 ALC 板连接螺栓位置的影响

由上述分析可知,在地震作用下 ALC 板的应力主要集中于螺栓孔处、板上下端约 300 mm 范围内(钢板鼓曲区域),且加载至 1/50 位移角时螺栓孔处应力已超过 ALC 板抗压强度,出现明显的挤压变形破坏。为减少 ALC 板螺栓孔处的破坏,对 ALC 板连接螺栓位置进行优化,将螺栓位置向板中移动,避开钢板鼓曲区域,优化后的螺栓位置如图 2-37 所示。在不改变其他因素的前提下,研究 ALC 板连接螺栓位置变化对外墙板系统的应力、应变和平面外位移的影响。

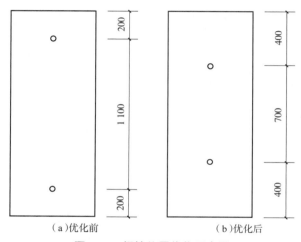

（a）优化前   （b）优化后

图 2-37 螺栓位置优化示意图

图 2-38 所示为 ALC 板螺栓孔处应力云图对比。可以看出,改变 ALC 板连接螺栓的位置,能够减小螺栓孔处的应力集中,减弱螺栓孔处的挤压变形,降低孔壁破坏程度;同时墙板平面外位移由 5.26 mm 减小至 4.90 mm,降低了 ALC 板脱落的风险,提高了外墙板系统的抗震性能。

（a）优化前   （b）优化后

图 2-38 ALC 板螺栓孔处应力云图对比

2.3.4.2 ALC 板螺栓孔长度的影响

ALC 板螺栓孔由圆孔改为长圆孔，能够在加载初期为 ALC 板提供一定的滑移量，降低孔壁在加载初期的应力，提高墙板的变形适应性。为了研究螺栓孔长度对 ALC 板应力、应变及平面外位移的影响，在不改变其他因素的前提下，选取螺栓孔长度为 20 mm、40 mm、60 mm 的 ALC 板进行对比分析，各模型参数见表 2-8。

表 2-8 ALC 板螺栓孔长度参数

模型	MX-1	MX-2	MX-3	MX-4
螺栓孔长度（mm）	圆孔	20	40	60

当位移角达到 1/500 时，MX-1 的螺栓孔内壁已出现局部应力集中现象，而其余模型则未出现明显的应力集中现象。当位移角达到 1/400 时，MX-1 的螺栓孔应力进一步增大，MX-2 的螺栓孔处开始出现应力集中现象，如图 2-39 所示。

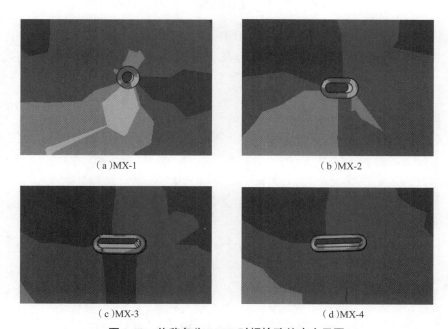

（a）MX-1　　　　　　　　　（b）MX-2
（c）MX-3　　　　　　　　　（d）MX-4
图 2-39　位移角为 1/400 时螺栓孔处应力云图

当位移角达到 1/250 时，MX-1 和 MX-2 的螺栓孔壁出现轻微变形，MX-3 和 MX-4 的螺栓孔处出现局部应力集中现象。当位移角达到 1/100 时，MX-1 和 MX-2 的螺栓孔变形已比较明显，MX-3 和 MX-4 的螺栓孔也出现轻微变形，如图 2-40 所示。

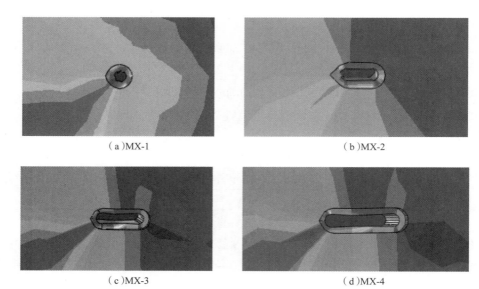

（a）MX-1　　　　　　　　　　（b）MX-2

（c）MX-3　　　　　　　　　　（d）MX-4

图 2-40　位移角为 1/100 时螺栓孔处应力云图

当位移角达到 1/50 时,各模型螺栓孔处的应力云图如图 2-41 所示。可以看出, ALC 板的螺栓孔改为长圆孔能够减小孔壁的应力及变形,且随着孔长度的增加,孔壁变形程度减小。

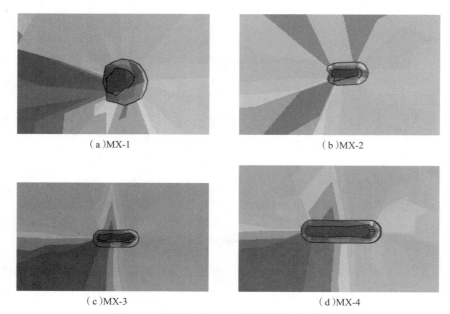

（a）MX-1　　　　　　　　　　（b）MX-2

（c）MX-3　　　　　　　　　　（d）MX-4

图 2-41　位移角为 1/50 时螺栓孔处应力云图

各模型在不同位移角下的最大应力对比如图 2-42 所示。可以看出,随着位移角增大,ALC 板的应力均有所增加。在相同位移角下,孔长度越大,ALC 板应力越小,说明增大螺栓孔长度能够减小孔壁应力。此外，MX-1 的等效塑性应变为 1.28，MX-2 的等效塑性应变为 0.88，MX-3 的等效塑性应变为 0.62，MX-4 的等效塑性应变为 0.5，破坏程度由重到轻依次为 MX-1、MX-2、MX-3、MX-4，如图 2-43 所示。

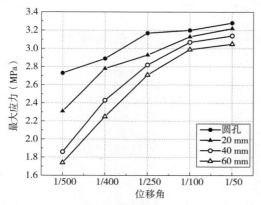

图 2-42　各模型在不同位移角下的最大应力对比　　　　图 2-43　各模型的等效塑性应变

2.3.4.3　岩棉板黏结率的影响

由前述分析可知，在岩棉板粘锚系统中黏结起主要受力作用。为研究岩棉板黏结率的影响，在不改变其他因素的条件下，分别将岩棉板黏结率调整为 0%（纯锚）、40%、50%、60%，分析岩棉板的应力、应变及平面外位移，各模型参数见表 2-9。

表 2-9　岩棉板黏结率参数

模型	MX-1	MX-2	MX-3	MX-4
黏结率(%)	0	40	50	60

从 ABAQUS 软件中提取出的各模型岩棉板应力云图如图 2-44 所示。可以看出，MX-1 的岩棉板整体应力较小，应力主要分布于锚栓孔处，且在部分锚栓孔处存在应力集中；MX-2、MX-3、MX-4 的岩棉板应力主要分布在与 ALC 板黏结部位，螺栓孔处应力较小。MX-2 的岩棉板最大应力为 13.80 kPa，MX-3 的岩棉板最大应力为 13.07 kPa，MX-4 的岩棉板最大应力为 11.76 kPa；与 MX-2 相比，MX-3 和 MX-4 最大应力降幅分别为 5% 和 15%。

在黏结应力方面，不同黏结率的 3 个模型黏结应力分布规律基本相同，如图 2-45 所示。其中，MX-2 最大应力为 6.60 kPa，MX-3 最大应力为 6.14 kPa，MX-4 最大应力为 6.37 kPa，均小于岩棉板拉伸黏结强度 7.50 kPa。计算得到不同黏结率下的岩棉板最大黏结应力如图 2-46 所示。可以看出，黏结率的提高可以在一定程度上降低岩棉板黏结应力，但在黏结率未达到 100% 的情况下，并非黏结率越高越好，适宜黏结率为 50%。

在平面外位移方面，MX-1 的岩棉板平面外位移为 5.25 mm，MX-2 为 3.94 mm，MX-3

为 3.87 mm，MX-4 为 4.11 mm。采用纯锚方式连接的岩棉板平面外位移明显大于采用粘锚结合的岩棉板，说明黏结与锚固同时作用能更好地提升外墙板的整体性。黏结率提高能在一定程度上减小岩棉板的平面外位移，但 MX-4 的岩棉板局部区域位移反而大于 MX-3，说明在黏结率未达到 100%时并非黏结率越高越好，适宜黏结率为 50%。

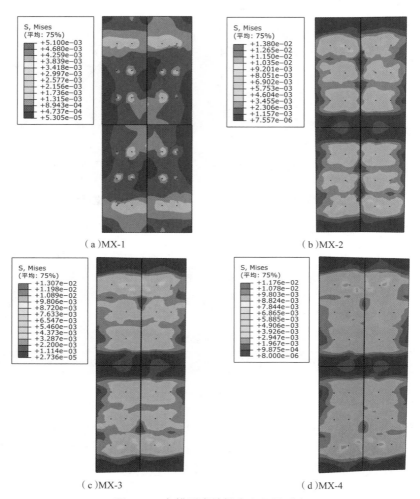

（a）MX-1　　　　　　　　　　（b）MX-2

（c）MX-3　　　　　　　　　　（d）MX-4

图 2-44　各模型岩棉板应力云图对比

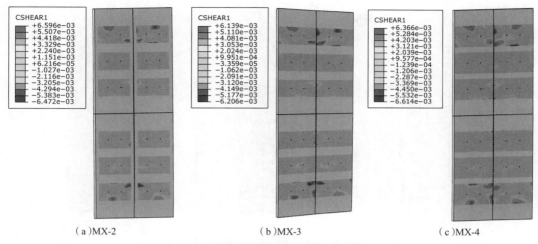

（a）MX-2　　　　　　　（b）MX-3　　　　　　　（c）MX-4

图 2-45　不同黏结率模型的岩棉板黏结应力云图对比

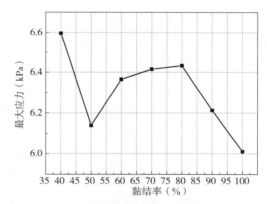

图 2-46　不同黏结率下岩棉板最大黏结应力

2.3.4.4　墙板所处高度的影响

在地震作用下,建筑物不仅会产生层间位移变形,而且会产生相应的加速度,且加速度的大小随所处高度的不同而变化。为了获得外墙板构造在地震作用下的不同高度处的加速度响应,拟采用 MIDAS 软件模拟实际结构,得到结构在地震作用下的加速度;然后将加速度换算为惯性力作用到外墙板构造中,分析外墙构造的响应,探究外墙板破坏形态,考察外墙板所处高度的影响规律。

本节选取的实际建筑为沧州市某住宅小区的一栋 SCFST 柱-双钢板组合剪力墙建筑,该建筑总建筑面积为 17 501 m²,共有 33 层,每层层高 2.9 m,总高度为 95.7 m。该建筑 MIDAS 模型如图 2-47 所示,项目设计参数见表 2-10。

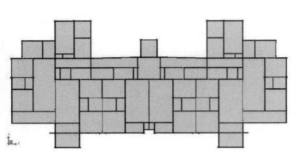

（a）标准层示意图   （b）整体模型示意图

图 2-47   该建设 MIDAS 模型示意图

表 2-10   项目设计参数

项目	参数
建筑结构安全等级	二级
结构设计使用年限	50 年
结构设计基准期	50 年
结构重要性系数	1
建筑抗震设防分类	乙类
抗震设防烈度	7 度（ 0.15g ）
罕遇地震下阻尼比	η=0.05
设计地震分组	第 2 组
场地类别	Ⅲ类
场地特征周期	T_g=0.55 s

《建筑抗震设计标准（ 2024 年版 ）》（ GB/T 50011—2010 ）中指出，对建筑结构进行弹性时程分析时选用的地震波需包含人工波和天然波，且天然波数量应占到总数量的 2/3 以上。本算例选取 2 条天然波和 1 条人工波进行弹性分析。

选好地震波后施加于该建筑模型中，进行弹性时程分析，可以得到小震作用下结构各位置的加速度，其值随着所处楼层高度的不同而有所不同，如图 2-48 所示。可以看出，不同的地震波得到的加速度有所不同，但差异较小，满足相关要求。在不同强度地震作用下，不同楼层的加速度如图 2-49 所示。对于不同强度的地震，在弹性时程分析时根据烈度区的不同，其输入的地震加速度的最大值有所不同，具体对应关系见表 2-11。

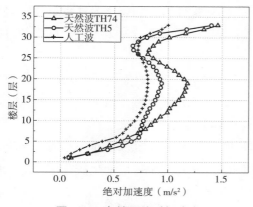

图 2-48 各楼层绝对加速度

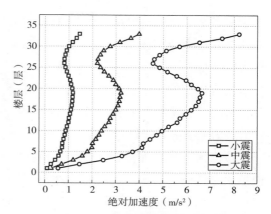

图 2-49 不同地震强度下绝对加速度

表 2-11 弹性时程分析时输入地震加速度的最大值（cm/s²）

设防烈度	6 度	7 度	8 度	9 度
多遇地震（小震）	18	35（55）	70（110）	140
设防地震（中震）	50	100（150）	200（300）	400
罕遇地震（大震）	120	220（310）	400（510）	620

注：设防烈度为 7、8 度时括号内数值分别用于设计基本地震加速度为 0.15g 和 0.30g 的地区，此处 g 为重力加速度。

　　根据得出的各地震强度下结构的最大绝对加速度的值，可以计算出外墙板在各水平地震作用下所受到的惯性力。经过换算得到外墙板所受的惯性力如图 2-50 所示。在建立的 ABAQUS 外墙板构造模型中，垂直于外墙板平面，对外墙板施加如图 2-50 所示的惯性力，可以计算出处于不同地震强度、不同楼层高度的外墙板构造的应力。

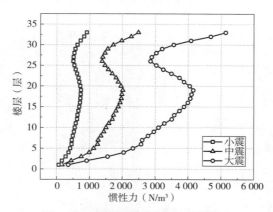

图 2-50 不同地震强度下墙板惯性力

　　结构顶层的加速度最大，相应的惯性力也最大，因而外墙板的应力也最大。以结构顶层为例，岩棉板在 3 个地震强度下的应力云图如图 2-51 所示。可以看出，岩棉板应力主要集中于距各板上下端 300 mm 范围内,且在此处会发生弯折变形。小震下岩棉板最大应力为 3.8 kPa,中震下岩棉板最大应力为 10.2 kPa,大震下岩棉板最大应力为 24.9 kPa,均未超过岩棉板抗拉强度。

结构顶层的 ALC 板在 3 个地震强度下的应力云图如图 2-52 所示。可以看出,在地震荷载引起的加速度作用下, ALC 板的应力较小,最大应力分别为 27.6 kPa、72.1 kPa、146.4 kPa,应力主要分布于螺栓孔处,变形较小,连接具有足够的安全性。

结构顶层的岩棉板在 3 个地震强度下的黏结应力云图如图 2-53 所示。小震作用下岩棉板的黏结应力最大为 3.91 kPa,中震作用下黏结应力最大为 6.86 kPa,大震作用下黏结应力最大为 7.73 kPa。大震作用下的黏结应力已超过岩棉板的拉伸黏结强度 7.5 kPa,外墙板存在脱落风险。

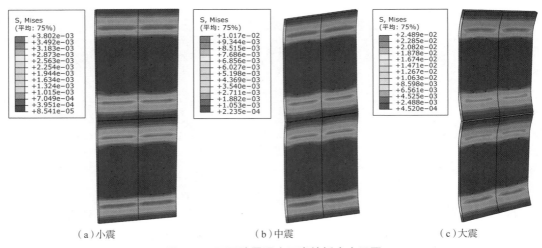

（a）小震　　　　　（b）中震　　　　　（c）大震

图 2-51　不同地震强度下岩棉板应力云图

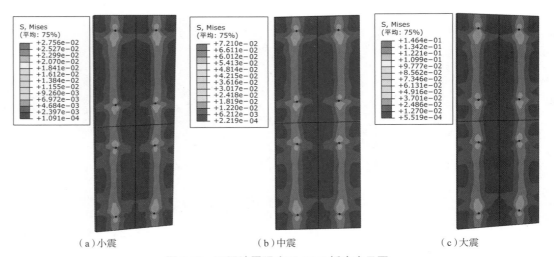

（a）小震　　　　　（b）中震　　　　　（c）大震

图 2-52　不同地震强度下 ALC 板应力云图

　　经计算,外墙板所有楼层在小震及中震作用下岩棉板的黏结应力均小于其拉伸黏结强度,因此连接具有足够的安全性;而在大震作用下，30 层以上即高度 87 m 以上岩棉板的黏结应力超过了黏结强度,外墙板存在脱落风险,需增加外墙板黏结面积或增加锚栓锚固数量;同时 15~22 层即高度 45~66 m 范围内结构层间位移角和加速度较大,相应的外墙板黏结应力也较大,同样需要进行加固处理。

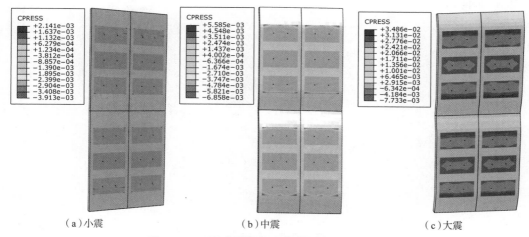

（a）小震　　　　　　　　（b）中震　　　　　　　　（c）大震

图 2-53　不同地震强度下岩棉板黏结应力云图

2.4　本章小结

　　本章研究了组合剪力墙外墙板连接构造的抗震性能,通过优化分析为装配式组合剪力墙体系提供了较为安全可靠的防脱落连接形式,通过设计比选、拟静力试验和有限元参数化分析等手段,保证了外墙板系统"小震不坏、中震可修、大震不倒"的抗震设防目标,为装配式组合剪力墙在高烈度地区、高层建筑的推广提供了一定的依据,得到的主要结论如下。

　　（1）在地震荷载作用下,本章所采用的外墙板连接构造破坏形式主要为外墙板拼接处的开裂变形、ALC 板连接螺孔的挤压破坏,未发生板材严重破坏、脱落现象,说明其具有良好的抗震性能,能够承受较大地震荷载作用,在主体结构变形达到大震荷载限制时仍能够正常工作,具有较高的承载力。

　　（2）外墙板系统在层间位移角为 1/500 至 1/400 时开始出现肉眼可见的裂缝,位移角为 1/150 时出现大面积较严重裂缝。在《钢板剪力墙技术规程》规定的钢板组合剪力墙弹性层间位移角 1/400 限制内,外墙板系统无明显破坏。

　　（3）ALC 板上开长圆孔能够在外墙板变形初期提供一定的滑移量,有效减少 ALC 板螺栓孔处的应力集中,减小 ALC 板角部与螺孔处的破坏,有利于外墙板抗震。ALC 板螺栓开孔位置靠近板中央位置比靠近板端位置更有利于外墙板抗震。

（4）岩棉板采用粘锚结合的连接方式抗震性能优于纯锚连接，实际工程中岩棉板的连接推荐采用粘锚结合方式。在粘锚结合系统中，黏结起主要作用，适宜的黏结率为50%。锚栓排列方式对墙板抗震无明显影响，工程中可根据现场条件与实际情况选用。

（5）ALC 板在地震荷载作用下的加速度响应较小，螺栓连接具有较高的安全性。在大震作用下，高度 45~66 m 及 87 m 以上墙板的黏结应力超过了黏结强度，存在脱落风险，应采取相应的加固措施。

Chapter 3

ALC 板填充外墙与外保温系统抗风性能研究

3.1 框架区域 ALC 板填充外墙构造与研究背景

3.1.1 研究背景与意义

随着装配式钢结构建筑的主体结构发展日渐成熟,人们对于住宅的外围护体系要求也越来越高,除要具有足够的强度外,还要能够保温、降噪、隔声、耐火等,以满足绿色建筑的发展要求。因此,大量的外墙围护材料涌入市场,这些材料大多具有轻质高强、性能优良的优点。但是,钢结构建筑的围护体系构造复杂,外墙围护结构材料种类繁多,而且涉及防火、保温、装饰等一系列问题,需要将多层材料组合安装,对它们与主体钢结构的安装节点、连接构造等的研究还不够深入。相较于钢结构住宅的主体结构,外墙围护体系的一系列技术发展还不太成熟,标准化程度不高,施工质量和耐久性问题较为突出。特别是在高层建筑中,外墙板在风荷载作用下大面积开裂、脱落等问题时有发生(图 3-1),给车辆和人员造成了极大的安全隐患。因此,研究一套安全可靠的外墙板连接构造技术是目前亟待解决的重要问题。

图 3-1 高层建筑外墙板脱落

研究适用于装配式钢结构建筑的外墙板与组合剪力墙的连接构造,对于以后在高层乃至超高层建筑中推广异形柱框架-双钢板组合剪力墙外围护体系具有重要意义,并为未来更深层次的研究打下基础。

3.1.2　国内外研究现状

目前关于外墙板在风荷载作用下的脱落研究,多只针对单层外保温板在风荷载作用下与基层墙体的连接,尚没有针对整个外墙板体系(包括防火、保温、抹面、饰面层等)脱落规律的研究,而且尚缺少关于外墙板系统(包括防火、保温、抹面、饰面层等)在冻融循环作用下破坏模式的研究。

3.1.3　本章主要内容

本章针对适用于高层装配式组合剪力墙的外墙板防脱落连接构造,主要研究内容如下。

(1)风荷载作用下双钢板组合剪力墙外挂墙板体系设计。通过研究风荷载作用及对近年来发生的外墙板脱落事故的调研分析,明确风荷载对于高层建筑外围护结构的影响。调研现阶段常用的外墙板材料类型,并进行分析和比选,综合考虑成本、环保、施工情况、应用情况等因素,选择综合性能最佳的外墙板材料。在此基础上,根据相关规范标准,进行荷载计算和连接构造设计,完成组合剪力墙外墙板体系的设计。

(2)外墙板系统拉拔试验研究。制作 15 组不同连接构造的外墙板试件,对其进行静态泡沫块加载试验,研究各试件在风荷载作用下的试验过程和破坏特征,对比不同的构造做法、不同的砂浆黏结率、不同的岩棉板锚栓个数和不同的外墙板类型对结构抗风荷载承载力和破坏形式的影响,研究其破坏机理。

(3)冻融循环后外挂墙板系统拉拔试验研究。制作 5 组不同参数的试件,在冻融循环后对其进行拉拔试验,观察各试件在经历不同程度的冻融循环后,在风荷载作用下的试验现象和破坏过程,对比冻融循环作用对不同构造做法、不同砂浆黏结率的影响程度,以及各试件经历不同程度冻融循环作用后的强度损失情况和承载力变化规律,分析冻融循环作用对它们的影响机理。

(4)外墙板连接构造理论分析。利用有限元 ABAQUS 软件,对外墙板体系在风荷载作用下的受力过程进行数值分析,然后通过参数化分析,讨论岩棉板锚栓个数、锚栓盘直径、锚栓排列方式、锚栓端距等参数对结构抗负风压承载力的影响,提出外挂墙板系统的构造要求,以及计算外墙板系统拉拔承载力的计算公式。

3.2　风荷载作用下外保温系统构造研究

3.2.1　引言

对于高层钢结构建筑的设计来说,风荷载效应起到了关键的控制作用。而且,高层钢结构建筑对于外围护体系的要求更高,外围护墙板应该轻质高强,且具有更高的耐久性、更好的防火性能和保温隔热功能以及方便施工等特点。

　　本节通过对外墙板在风荷载作用下的脱落事故进行调研和分析,明确风荷载对高层钢结构建筑外围护结构的影响;然后通过调研收集现阶段常用的外墙板材料类型,进行分析和比选,得到综合性能最佳的外墙板材料;在此基础上,根据相关规范标准,进行连接构造设计,完成组合剪力墙外墙板体系的设计。

3.2.2　外墙板脱落事故调研与分析

　　本节通过查阅相关资料和新闻,对近几年发生的外墙板脱落事故进行调研和汇总,明确由负风压导致的外围护墙板脱落问题的严重性,并从设计、材料、施工等 3 方面进行归纳和分析。饰面层墙板脱落案例见表 3-1,保温层墙板脱落案例见表 3-2。

表 3-1　饰面层墙板脱落案例

时间	地点	现象	图片
2019 年 3 月	山东省菏泽市	南华康城小区某住宅楼发生大面积的饰面层墙板脱落事故,造成 2 辆汽车损伤	
2020 年 2 月	福建省漳州市	龙宝花园小区某住宅楼在 20 层的位置处有约 6 m² 的饰面层外墙板发生脱落,造成楼下车辆被严重损坏,无人员伤亡	

续表

时间	地点	现象	图片
2020 年 9 月	四川省成都市	黎明四期小区多栋住宅楼发生大面积的饰面层墙板脱落,未造成人员伤亡	
2021 年 2 月	浙江省杭州市	风华新语小区多栋建筑发生外墙饰面层的脱落事故,砸坏楼下绿化带,无人员伤亡	
2021 年 3 月	河南省商丘市	鑫源雅居小区某高层建筑发生大面积的饰面层外墙板脱落,造成十几辆汽车严重损坏	

表 3-2　保温层墙板脱落案例

时间	地点	现象	图片
2020 年 5 月	内蒙古呼和浩特市	闻都雅苑小区某住宅楼发生大面积的外保温墙板脱落事故,砸伤 1 名行人,导致其腿部受伤	

续表

时间	地点	现象	图片
2020 年 6 月	陕西省西安市	曲江明珠小区某住宅楼 12~15 层外墙处约 100 m² 的保温层外墙有大面积脱落,砸坏楼下绿化带,未造成人员伤亡	
2020 年 11 月	黑龙江省哈尔滨市	某小区住宅楼发生大面积保温层外墙板脱落事故,未造成人员伤亡	
2020 年 12 月	山东省德州市	兴河湾小区某住宅楼中间位置发生大面积保温层墙板的脱落,未造成人员伤亡	
2020 年 12 月	内蒙古临河区	四季花城小区某住宅楼 13~15 层的位置发生大面积的外保温墙板脱落,未造成人员伤亡	

　　类似的外墙板脱落事故,每年都会发生数十起。建筑外围护墙板是由多层材料组成的复杂体系,其开裂、空鼓、脱落等问题多发生在各层材料的交界处。其中,以保温层材料和饰面层材料开裂、脱落的现象最为常见。综合来看,引起外墙板发生脱落的原因可以归结为以下几个方面。

3.2.2.1　黏结层破坏

经过调研发现,由黏结剂因素引发的外墙板脱落问题最为常见。

(1)所用黏结剂的强度及耐久性不足。为了保证黏结剂与外墙板材料的黏结强度,黏结剂中会含有一些聚合物砂浆,其对提高黏结强度起到了关键性作用。部分厂家为了追求利润,使用聚合物砂浆含量较少的黏结剂以次充好,直接导致黏结剂的强度和耐久性能严重下降。

(2)黏结剂有效黏结面积不足。实际施工时,建筑工人使用的黏结剂量不足,或者没有按照规范的做法进行涂抹,都会造成黏结剂的有效黏结面积过小,难以满足各类规范规定的有效黏结面积应当在40%以上的要求,从而造成黏结强度大大下降。

3.2.2.2　保温层破坏

(1)黏结性能不足。由于保温材料自身或者生产工序的原因,部分保温板表面较为光滑,如挤塑板和聚氨酯板,与黏结剂的结合性能较差,导致黏结强度下降。

(2)材料强度不足。部分厂家为了追求利润,生产销售低于行业标准所规定容重的保温材料,使其在使用过程中因强度过低而发生破坏;部分保温材料在阴雨天气时会吸收大量水分,导致自身材料强度大大降低,从而引发脱落破坏。

3.2.2.3　基层墙体破坏

(1)基墙的强度不足,无法为锚栓提供足够的锚固力,导致锚栓的脱落。

(2)安装外墙板时,基层墙体表面留有大量的浮尘、灰烬等杂质,在涂抹黏结剂后,黏结剂无法与墙体紧密结合,致使黏结性能大幅下降,导致外墙板脱落破坏。

(3)基层墙体施工质量较差,表面平整度不足,在安装外墙板后,极易出现空鼓和脱落的现象。

3.2.2.4　锚固不足

(1)在设计阶段考虑不充分,未根据风荷载强度设计足够数量的锚栓以加强连接,导致在较大风荷载作用下外墙板发生脱落。

(2)锚栓使用不当。建筑工人没有根据基层墙体的材料选择适合的锚栓,导致锚栓的锚固深度不够,或者锚栓的锚固方式不对,进而使安装后锚栓的锚固力不足以抵抗风荷载作用,从而发生脱落;或者没有使用正确的方式进行锚栓的安装,如为了缩短工期,将拧入式锚栓使用锤子直接敲进锚固墙体中,导致锚固强度下降,外墙板发生脱落。

3.2.2.5　抹面层破坏

在抹面层的施工过程中,建筑工人操作不规范,先张挂网格布,再涂抹面砂浆,导致保温层与抹面砂浆不能充分结合,黏结强度不足,在风荷载作用下发生脱落。

3.2.2.6　饰面层破坏

部分住宅建筑为了满足外观的要求,使用自重较大的材料作为外墙板的饰面层,从而增加外墙板整体受到的剪切力,加剧外墙板在风荷载作用下的脱落现象。

3.2.2.7　施工环境不满足要求

部分工程在施工时,出于缩短工期等原因,不规范施工,在阴雨天或者低温天气涂抹黏结砂浆,使得黏结砂浆强度低于设计值,无法为外墙板提供足够的黏结强度,从而导致脱落的发生。

3.2.3　外墙板体系设计

3.2.3.1　材料选择

适用于高层钢结构住宅的外围护墙板的材料相较于普通住宅,应当轻质高强,具有更高的综合性能。由于饰面材料种类较多,且根据不同的设计需求,实际工程应用差异较大,本节仅对防火材料和保温材料的选择进行阐述。

1)防火材料

表 3-3 对比了满足 3 h 耐火极限要求的几种常用防火材料。综合而言,ALC 板耐火性能优于防火涂料,且安装方便、后期维护相对容易,造价也比硅酸钙板和膨胀蛭石板低廉,应用更为广泛,因此选择 ALC 板作为组合剪力墙外墙板的防火材料。

表 3-3　满足 3 h 耐火极限要求的几种常用防火材料对比

对比内容	24 mm 厚防火涂料	ALC 板	硅酸钙板	膨胀蛭石板
与结构连接	脱落风险大	牢固	牢固	牢固
耐久性	5~10 年	50~100 年	50 年	50 年
节能	较差	良好	良好	良好
安装及施工难度	一般,现场湿作业多	容易,现场干作业少	容易,现场干作业少	容易,现场干作业少
安全性	差	一般	一般	一般
后期维护	困难	容易	容易	容易
成本	低	中	高	高

2)保温材料

表 3-4 对比了几种常用有机保温材料(如挤塑(XPS)板、模塑(EPS)板、聚氨酯(PUR)板)以及无机保温材料(如珍珠岩板、胶粉聚苯颗粒浆料、岩棉板)的各项性能。根据《建筑设计防火规范(2018 年版)》,建筑外保温宜选择 A 级保温材料,不宜选择 B2 级保温材料;当建筑高度超过 100 m 时,应选择 A 级保温材料。综合对比可以看出,岩棉板成本低廉,耐燃烧性能极佳,导热系数低,而且现场施工方便,因此高层钢结构建筑适宜选择岩棉板作为保温材料。

表 3-4　几种常用保温材料性能对比

对比内容	EPS 板	XPS 板	PUR 板	珍珠岩板	胶粉聚苯颗粒浆料	岩棉板
密度（kg/m³）	18~22	25~35	≥35	≤255	180~250	80~200
导热系数（W/(m·K)）	≤0.039	≤0.03	≤0.024	≤0.076	≤0.06	≤0.04
燃烧性能	B2	B2	B2	A	B1	A
安装及施工难度	容易	容易	容易	容易	容易	容易
成本	低	中	高	高	低	低
特点	应用广泛,保温性能良好	性质稳定,吸水率低	强度高,保温性能佳	防水性能好	施工方便	保温、隔热、吸声效果好

3.2.3.2　连接构造设计

1）ALC 防火板与剪力墙连接构造

目前,我国以 ALC 板作为钢结构防火板的案例较少,ALC 板主要还是用作建筑内的隔墙,或者作为外墙板采用钩头螺栓的形式与钢框架相连,还没有较为成熟可靠的与钢板剪力墙的连接构造形式。本节通过调研现阶段常见的外围护节点形式,结合钢板剪力墙的内部栓钉构造,采用外挂连接节点。将钢板剪力墙上下两端的对拉螺栓伸出剪力墙外侧,用来悬挂 ALC 板,并使用螺母拧紧,确保 ALC 板外挂可靠,不会松动。这种连接方式可在工厂预制完成,现场直接安装墙板即可,方便快捷。

参考《蒸压加气混凝土砌块、板材构造》（13J104）,使用钩头螺栓连接的 ALC 板节点承载力为 1.8 kN,结合荷载计算,使用 2 个对拉螺栓悬挂 ALC 板,其承载力大小可以满足高度不超过 100 m 的外墙板的受力情况。悬挂 ALC 板的剪力墙构造如图 3-2 所示。

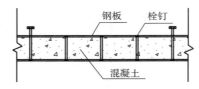

图 3-2　悬挂 ALC 板的剪力墙构造

2）岩棉保温板与 ALC 板连接构造

目前,我国对于保温材料的利用形式都是采用外保温技术,将保温层放置在结构层的外侧,不仅对结构起到保护的作用,而且可以显著改善室内的热环境,使建筑更加高效节能。

在实际工程中,外保温墙板主要采用薄抹灰的施工构造形式,同时可以为保温材料提供保护。为了提高抹灰保温系统的强度和抗裂能力,常在抹灰层中铺设耐碱网格布。通过对一些项目的施工现场进行调研,发现外保温墙板材料薄抹灰存在两种构造做法,即先打锚栓再挂网（图 3-3）和先挂网再打锚栓（图 3-4）。本节通过试验,对比两种构造做法对外墙板系统承载力和破坏特征的影响。

 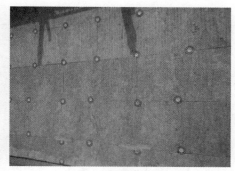

| （a）项目一 | （b）项目二 |

图 3-3   先打锚栓再挂网

 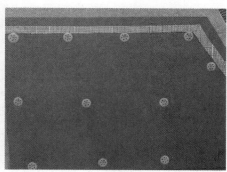

| （a）项目一 | （b）项目二 |

图 3-4   先挂网再打锚栓

岩棉保温板多采用机械和黏结共同固定的方式,即粘锚结合方式。目前,关于岩棉板的连接构造还没有一套通用的设计方法,表 3-5 是各地规范中不同的连接构造要求。

表 3-5   不同地区的规范要求

标准	连接构造要求
行业	①锚固深度:混凝土墙不应小于 25 mm,其他墙体不应小于 45 mm。 ②锚盘直径:不应小于 60 mm。 ③每平方米锚栓个数:不应少于 5 个,不宜多于 14 个。 ④黏结率:不应小于 50%
北京	①锚固深度:不应小于 25 mm。 ②黏结率:建筑高度不大于 24 m 应不小于 40%,大于 24 m 应不小于 60%
江苏	①锚固深度:不应小于 30 mm,加气混凝土墙体不应小于 50 mm。 ②锚盘直径:不应小于 60 mm,套管直径不应小于 8 mm。 ③每平方米锚栓个数:不应少于 16 个。 ④黏结率:不应小于 50%

续表

标准	连接构造要求
辽宁	①锚固深度：混凝土墙不应小于 30 mm，砌体墙体不应小于 50 mm。 ②锚盘直径：不应小于 60 mm。 ③每平方米锚栓个数：不应少于 6 个。 ④黏结率：不应小于 60%
重庆	①锚固深度：不应小于 25 mm。 ②锚盘直径：不应小于 50 mm，套管直径为 7~10 mm。 ③每平方米锚栓个数：建筑高度在 60 m 以下不应少于 5 个，在 60 m 以上、100 m 以下不应少于 6 个。 ④黏结率：不应小于 60%
陕西	①锚盘直径：不应小于 60 mm，套管直径不应小于 8 mm。 ②黏结率：不应小于 60%
上海	①锚固深度：一般不应小于 25 mm，其他墙体不应小于 45 mm。 ②锚盘直径：不应小于 60 mm，套管直径不应小于 8 mm。 ③每平方米锚栓个数：建筑高度在 60 m 以下不应少于 8 个，在 60 m 以上、100 m 以下不应少于 10 个。 ④黏结率：不应小于 60%
安徽	①锚固深度：不应小于 25 mm。 ②锚盘直径：不应小于 100 mm，套管直径为 7~10 mm。 ③每平方米锚栓个数：建筑高度在 60 m 以下不应少于 8 个，在 60 m 以上、100 m 以下不应少于 10 个。 ④黏结率：100%

可以看出，不同地区对于岩棉板的连接构造做法要求差异较大，本节参考各地规范标准，采用粘锚结合的连接构造，选用锚栓圆盘直径为 60 mm，套管直径为 8 mm，在 ALC 板中锚固深度为 25 mm。关于黏结率和锚栓用量，各地规范标准要求差异较大，作为本节的重要研究参数。

组合剪力墙外墙板连接构造如图 3-5 所示。其中，外侧采用外挂 ALC 防火板，方便外墙的安装和施工；内侧涂装方便，采用防火涂料。

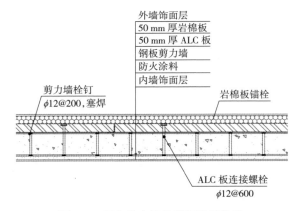

图 3-5　组合剪力墙外墙板连接构造

3.3 外墙保温系统抗风安全性能试验

3.3.1 引言

装配式钢结构建筑的主体结构设计目前已较为完善和标准化,然而与之相对的是外围护结构体系的相关设计方法和技术还不太成熟,外墙板与主体结构的连接方法大多依靠施工经验,还没有一整套完备的、具有普遍适用性的规程标准。一段时间以来,建筑的外墙板发生开裂、脱落的问题和事故屡见不鲜,外墙板与主体结构的连接构造亟待进一步研究,尤其是对于异形柱框架-双钢板组合剪力墙体系,与其相配套的外围护连接构造还有待深入研究。为了确定异形柱框架-双钢板组合剪力墙体系所设计的外墙板连接构造的抗负风压能力,对其进行负风压拉拔试验研究,设计 15 组不同连接参数的试件,试件参数包括不同的构造做法、不同的砂浆黏结率、不同的岩棉板锚栓个数和不同的外墙板类型。在试验的基础上,观察各试件在风荷载作用下的试验现象和破坏过程,分析各试件的破坏特征和受力机理,探究得到不同连接参数间的影响、作用和变化规律。

同时,由于我国北方大部分地区昼夜温差较大,会使外墙板中的聚合物砂浆的强度由于受到周期性的干湿交替和冻融循环作用影响而不断减小,从而导致外墙板开裂或者脱落的情况出现。为了探究冻融循环作用对外墙板连接构造抵抗负风压承载力的影响,设计 5 组不同连接参数的试件,试验参数包括不同的砂浆黏结率和不同的构造做法,观察各试件在经历不同程度的冻融循环作用后在风荷载作用下的试验现象和破坏过程,研究冻融循环作用对不同连接参数的影响程度,以及各试件分别在冻融循环 0 次、10 次、20 次和 30 次情况下的强度损失情况和变化规律,分析冻融循环作用对各试件的影响机理,得到异形柱框架-双钢板组合剪力墙体系外墙板防脱落连接构造抵抗负风压的能力,为以后的推广应用提供试验支持和理论依据。

3.3.2 外墙板拉拔试验

3.3.2.1 试验概况

1)试验目的

本试验共设计 15 组不同连接参数的试件,对双钢板组合剪力墙外墙板在负风压作用下的防脱落能力进行研究,为以后结构体系的推广应用提供理论研究基础。具体试验目的如下。

(1)通过试验,观察和研究各试件在风荷载作用下的试验过程和破坏特征,分析各试件的破坏机理。

(2)通过改变外墙板的构造做法(锚栓盘压住岩棉板和锚栓盘压住耐碱网格布),以及采用不同的锚栓个数、不同的岩棉板黏结率和不同的外墙板类型等,对比研究不同连接构造对外墙板的破坏规律,从而确定最为安全、可靠且经济的外墙板连接构造。

(3)得到各试件的试验数据,为以后在有限元软件中建立外墙板模型和分析外墙板的连接构造提供正确的研究基础。

2)试件设计与制作

综合考虑工程中实际应用的 ALC 板与岩棉板的规格尺寸、其他相关专家学者的研究尺寸、实验室场地和万能试验机的规格大小,将试验用外墙板大小确定为 450 mm × 900 mm × 50 mm,具体材料尺寸见表 3-6。

表 3-6 具体材料尺寸(mm)

钢板	ALC 板	岩棉板	保温装饰一体板
550 × 1 100 × 6	450 × 900 × 50	450 × 900 × 50	450 × 900 × 50

本试验外墙板的连接做法为通过双钢板组合剪力墙中延伸出来的螺栓将 ALC 防火板挂在钢板的外侧。本试验由于只研究不同材料之间的连接强度,所以将双钢板组合剪力墙简化为最外侧的单层钢板,岩棉板与 ALC 防火板之间通过锚栓和黏结砂浆连接,抹面层做法全部采用挂网抹灰(1 层耐碱网格布),饰面层采用室外腻子处理,保温装饰一体板则采用厂家提供的专用连接件进行连接。

本试验中 15 个试件的平面图如图 3-6 和图 3-7 所示。其中,钢板两边尺寸略大于外墙板尺寸,便于将试件整体固定在拉力机上;钢板两端焊有 2 个普通 C 级螺栓,用于悬挂 ALC 防火板。

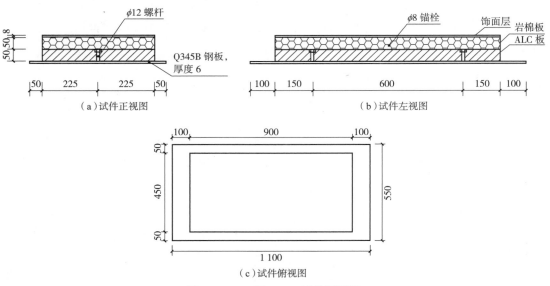

(a)试件正视图　　　　　　　　　　　　(b)试件左视图

(c)试件俯视图

图 3-6 SJ-1 至 SJ-14 试件平面图

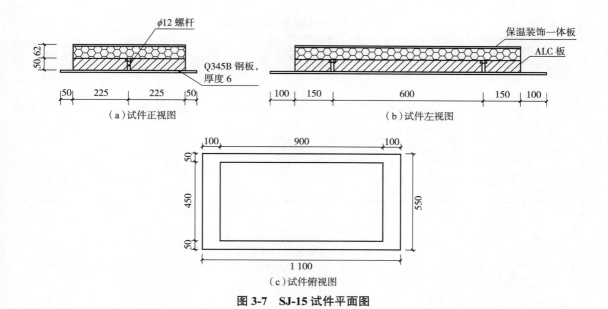

图 3-7 SJ-15 试件平面图

本试验共设计 15 组试件,设计参数共有 4 种,分别为工程中常见的 2 种外墙板构造做法(锚栓盘压住岩棉板和锚栓盘压住耐碱网格布)、锚栓个数、砂浆黏结率、外墙板类型,具体的参数设置见表 3-7 至表 3-9。其中,SJ-1 至 SJ-8 试件的试验参数为锚栓个数和外墙板构造做法,考虑到试件的规格大小,参照相关规范中关于单位面积内锚栓数量的建议,岩棉板锚栓个数设置为 2,4,6,8 个,砂浆黏结率设置为 100%;参考相关规范中的建议,设置岩棉板与 ALC 板砂浆黏结率参数为 0%,40% 和 80%。

表 3-7 岩棉板锚栓个数参数表

试件编号	试验参数	
	岩棉板与 ALC 板	饰面层与岩棉板
SJ-1	2 个锚栓,100%黏结率	
SJ-2	4 个锚栓,100%黏结率	
SJ-3	6 个锚栓,100%黏结率	构造做法①
SJ-4	8 个锚栓,100%黏结率	
SJ-5	2 个锚栓,100%黏结率	
SJ-6	4 个锚栓,100%黏结率	
SJ-7	6 个锚栓,100%黏结率	构造做法②
SJ-8	8 个锚栓,100%黏结率	

注:构造做法①表示锚栓盘压住岩棉板,耐碱网格布位于锚栓盘外侧;构造做法②表示锚栓盘压住耐碱网格布,耐碱网格布位于岩棉板和锚栓盘之间。

表 3-8   岩棉板砂浆黏结率参数表

试件编号	试验参数	
	岩棉板与 ALC 板	饰面层与岩棉板
SJ-9	0%黏结率	
SJ-10	40%黏结率	构造做法①
SJ-11	80%黏结率	
SJ-12	0%黏结率	
SJ-13	40%黏结率	构造做法②
SJ-14	80%黏结率	

表 3-9   外墙板类型参数表

试件编号	试验参数
SJ-15	保温装饰一体板

为增强岩棉板锚栓的锚固作用,将黏结砂浆全部涂抹在锚栓盘周边区域内,具体 40% 黏结率和 80% 黏结率的黏结砂浆涂抹范围如图 3-8 所示。

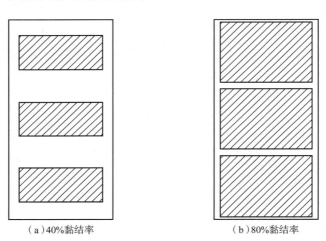

（a）40%黏结率   （b）80%黏结率

图 3-8   黏结砂浆涂抹范围

保温装饰一体板作为一种新颖的外墙板类型,凭借其安装方便、工序简单、造型美观等优点,在部分项目中得到应用。本节增设了一组工程中常用的真石漆漆面夹芯岩棉保温装饰一体板的参数,研究不同的外墙板类型对系统抗风荷载承载力的影响。

3）试验设备及试验方法

本试验在天津大学机械学院材料实验室进行,使用长春科新 WDW-100 型 10 t 万能试验机。本试验的试验方法参照欧洲技术认定组织发布的《薄抹灰外墙外保温系统技术认定指南》中提供的静态泡沫块法,相比于传统的使用风压气泵进行加载的动态负风压法,其优点是可以加载至试件完全破坏。具体试验原理如图 3-9 所示,试验装置如图 3-10 所示。

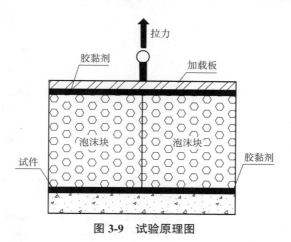

图 3-9　试验原理图

（a）试验机　　　　　　　　　　（b）装载后的试验机

图 3-10　试验装置图

在试验过程中采用位移控制的方法,设置移动速率为 10 mm/min,加载至试验荷载下降到试件的峰值荷载的 50% 后停止。在试验过程中保持观察,注意记录试件的破坏过程。

3.3.2.2　试验现象

1）不同锚栓数量试验现象

由于各组参数的试件数量较多,且试验过程比较相近,因此特对各试件的试验现象进行总结,见表 3-10。

表 3-10　不同锚栓数量试件试验现象

试件	构造做法	黏结率	锚栓个数（个）	试验现象	破坏形式
SJ-1	①	100%	2	前期岩棉板上下侧界面均存在开裂,后期岩棉板上侧开裂逐渐扩展	岩棉板上部界面破坏
SJ-2	①	100%	4	岩棉板下侧微微开裂,上侧角部开裂并逐渐扩展	
SJ-3	①	100%	6	岩棉板上侧角部开裂逐渐扩展	
SJ-4	①	100%	8	岩棉板上侧角部开裂逐渐扩展	
SJ-5	②	100%	2	前期岩棉板上下侧界面均存在开裂;后期岩棉板上侧开裂逐渐扩展,网格布撕裂	
SJ-6	②	100%	4	岩棉板下侧微微开裂;上侧中部开裂逐渐扩展,网格布撕裂	
SJ-7	②	100%	6	岩棉板上侧角部开裂逐渐扩展,网格布撕裂	
SJ-8	②	100%	8	岩棉板上侧角部开裂逐渐扩展,网格布撕裂	

　　通过试验现象可以看出,不同锚栓个数的试件的最终破坏形式都是岩棉板上部与抹面层的连接界面的破坏(图 3-11),具体的破坏过程随着锚栓数量的改变而略有差异。在加载的前期,由于受到拉力的作用,外墙板系统材料内部的空隙和各层材料间的缝隙被迅速拉紧,试件整体受到的拉力也呈迅速上升的趋势。

（a）加载前整体图　　　　　　　　（b）破坏后整体图

（c）破坏后的构造做法①试件抹面层

（d）破坏后的构造做法②试件抹面层（网格布撕裂）

图 3-11　不同锚栓数量试件破坏形式

2）不同黏结率试验现象

对各组参数的试件的试验现象进行汇总，见表 3-11。

表 3-11　不同黏结率试件试验现象

试件	构造做法	黏结率	锚栓个数（个）	试验现象	破坏形式
SJ-9	①	0%	6	前期岩棉板与 ALC 板端部开裂，后期岩棉板上侧开裂逐渐扩展	岩棉板上部界面破坏
SJ-10	①	40%	6	前期岩棉板与 ALC 板端部开裂，后期岩棉板上侧开裂逐渐扩展	
SJ-11	①	80%	6	岩棉板上侧角部开裂逐渐扩展	
SJ-12	②	0%	6	前期岩棉板与 ALC 板端部开裂；后期岩棉板上侧开裂逐渐扩展，网格布撕裂，2 个锚栓拔出	
SJ-13	②	40%	6	前期岩棉板与 ALC 板端部开裂；后期岩棉板上侧开裂逐渐扩展，网格布撕裂，1 个锚栓拔出	
SJ-14	②	80%	6	岩棉板上侧角部开裂逐渐扩展，网格布撕裂	

与不同锚栓数量的试件类似，不同岩棉板黏结率的试件最终破坏形式也是岩棉板上部与抹面层的连接界面的破坏（图 3-12），但具体的破坏过程随着构造做法的不同和黏结率的变化而不同。

（a）加载前整体图 　　　　　　　　　　　　（b）破坏后整体图

（c）破坏后的抹面层（锚栓被拔出，网格布撕裂）

图 3-12　不同黏结率试件破坏形式

3）保温装饰一体板试验现象

保温装饰一体板试件的连接件采用的是专用连接件，其与 ALC 板的具体连接做法是首先在 ALC 板和保温装饰一体板中间涂抹一层黏结砂浆，然后在板材两端各安装两个配套连接件，将角钢焊在钢板上，然后将锚栓打入保温装饰一体板中，起到限制保温装饰一体板变形的作用。

在加载的前期，保温装饰一体板与 ALC 板间的黏结砂浆首先开裂。随着加载的继续，保温装饰一体板和 ALC 板逐渐被拉开，由连接件上的长圆孔提供系统短暂的上升位移量，连接件被逐渐拉紧。随着位移的增加，一侧的连接件首先出现连接件铆钉滑动脱落的现象，由其余的连接件继续发挥传力作用。随着加载的进行，伴随着一声巨响，同侧的另一个连接件发生破坏，焊缝开裂，系统承载力骤降，并且丧失继续加载的能力。该试件最终破坏形式为连接件的破坏（图 3-13），保温装饰一体板本身没有明显的破坏现象。

图 3-13 连接件破坏

3.3.2.3 试验结果分析

1）锚栓数量的影响

通过对比 SJ-1 到 SJ-8 试件，可以得到在不同的构造做法下，改变锚栓个数对结构破坏形态和承载力的影响，如图 3-14 所示。可以看出，锚栓个数对试件的承载力有显著的影响。在岩棉板与 ALC 板黏结率为 100% 的情况下，不论采用哪种构造做法，系统的抗拉强度都呈线性上升的趋势。

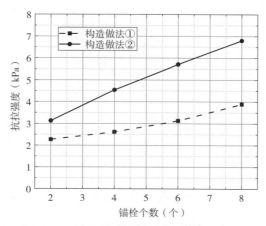

图 3-14 不同锚栓个数下试件承载力的变化

2）岩棉板黏结率的影响

通过对比 SJ-3、SJ-7、SJ-9 到 SJ-14 试件，可以得到在不同的构造做法下，改变岩棉板黏结率对结构破坏形态和承载力的影响，如图 3-15 所示。可以看出，对于构造做法①，系统承载力与黏结率无关，锚栓的锚固起到至关重要的作用；对于构造做法②，系统抗拉强度随岩棉板黏结率的增加而增大。黏结率的提高对于系统承载力的提升相较于增加锚栓数量，效果相对不显著。但为避免锚栓的拔出，建议在实际工程中岩棉板黏结率应不小于 80%。

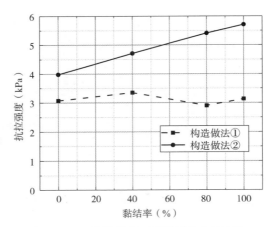

图 3-15　不同黏结率下试件承载力的变化

3）构造做法的影响

图 3-16 所示为不同连接参数下改变构造做法对其承载力提升的影响程度。可以看出，构造做法的改变对系统的抗拉承载力提升具有明显的影响。当系统黏结面积大于 40%时，改变构造做法，可以使系统承载力提升 40%以上。

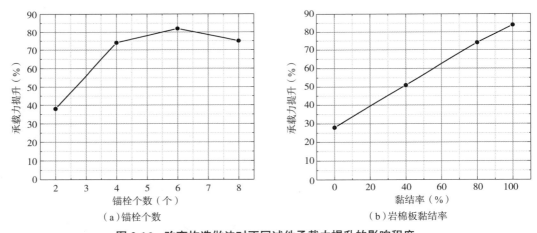

图 3-16　改变构造做法对不同试件承载力提升的影响程度

对锚栓个数来说，随着锚栓个数的增加，构造做法的改变对系统的抗拉承载力的提升程度呈先增大后减小的趋势。对岩棉板黏结率来说，随着黏结率的增加，构造做法的改变对系统的抗拉承载力的提升程度整体呈上升趋势。

4）外墙板类型的影响

保温装饰一体板的连接使用的是专用连接件，承载力可达 2 820 N，其与其他组试件承载力的对比如图 3-17 所示。可以看出，外墙板采用保温装饰一体板形式的系统具有极高的抗拉承载力，明显大于其他试验参数的试件。其中，采用构造做法②、100%黏结率和使用 8

个锚栓连接的试件的承载力与其最为接近,约是保温装饰一体板承载力的 97%。

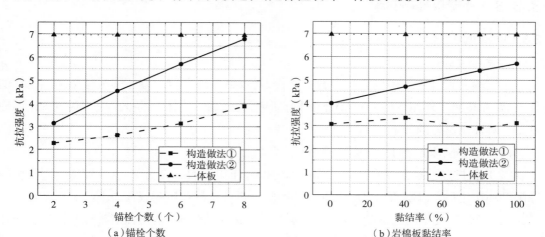

图 3-17 保温装饰一体板与其他组试件承载力对比

保温装饰一体板的破坏形式主要是连接件的破坏,保温装饰一体板本身没有明显的破坏现象。因此,可以在实际施工中提高连接件与钢板的连接强度,以提高其抗拉承载力。

5)受力机理分析

外墙板在风荷载作用下的受力如图 3-18 所示。其中,锚栓通过锚固作用和黏结砂浆一起形成一个稳固的"支座"(图 3-18 中 a 区域);该支座会在岩棉板及抹面层中形成一个约束作用范围,当承受风荷载作用时,"支座"的中间部位受弯(图 3-18 中 b 区域),产生不均匀变形,而外墙板各部分的刚度不同,当各部分之间的界面连接强度不足以维持各部分的协调变形时,发生界面的连接破坏。

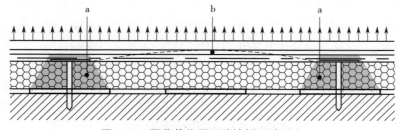

图 3-18 风荷载作用下外墙板系统受力

岩棉板与抹面层之间的界面破坏强度由两部分组成:

(1)抹面砂浆与岩棉板之间的界面破坏强度;

(2)网格布与锚栓盘之间的机械连接强度。

当选定外墙板系统各部分的材料及规格后,为提高岩棉板与抹面层之间的界面破坏强度,可通过提高外墙板系统的整体性能,使其各部分之间受力及变形趋于均匀,以充分利用第(1)部分的强度;以及增加网格布与锚栓盘的机械连接区域,以提高第(2)部分的强度。

3.3.3　外墙板冻融试验

3.3.3.1　试验概况

1）试验目的

本试验共设计 5 组不同连接参数的试件,对双钢板组合剪力墙外墙板经历冻融循环的作用后,在负风压作用下的防脱落能力进行研究,为以后结构体系的推广应用提供理论研究基础。具体试验目的如下。

（1）通过本试验与前文拉拔试验相互验证。

（2）通过试验,观察和研究各试件在冻融循环作用下的试验现象,以及经历不同程度的冻融循环作用后,在风荷载作用下的破坏特征,分析各试件在风荷载作用下的破坏机理。

（3）通过改变不同的试验参数,如外墙板的构造做法（锚栓盘压住岩棉板和锚栓盘压住耐碱网格布）、不同的岩棉板黏结率等参数,对比研究不同连接构造受冻融循环作用的影响程度和变化规律。

（4）通过试验,得到不同连接参数下试件经历冻融循环作用后的抗拉强度和强度损失率,得到外墙板强度损失率计算公式,为以后评价外墙板系统的耐久性提供依据。

2）试件设计

综合考虑实验室条件及其他相关学者的研究,将试验用的 ALC 板与岩棉板尺寸定为 150 mm × 150 mm × 50 mm。由于冻融循环作用主要对饰面层、抹面砂浆、岩棉板以及黏结砂浆产生影响,因此在本试验中所用试件未设计剪力墙钢板,仅包括 ALC 板、黏结层、岩棉板、抹面层和饰面层。

本试验共设计 5 组,每组 12 个试件,分别进行冻融循环 0 次、10 次、20 次和 30 次后的拉拔试验,来研究不同连接参数及不同冻融循环次数的影响。其中,包括为研究冻融循环作用对岩棉板黏结砂浆的影响设计的 3 组试验以及为研究两种构造做法的影响设计的 2 组试件。表 3-12 给出了具体的试验参数设置,试件示意图如图 3-19 所示。

表 3-12　外墙板冻融试验参数表

试件编号	试验参数	
	岩棉板与 ALC 板	饰面层与岩棉板
DR-1	40%黏结率,无锚栓	未挂网
DR-2	80%黏结率,无锚栓	未挂网
DR-3	100%黏结率,无锚栓	未挂网
DR-4	100%黏结率,1 个锚栓	构造做法①
DR-5	100%黏结率,1 个锚栓	构造做法②

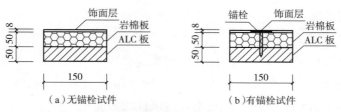

图 3-19　外墙板冻融试验试件示意图

3）试验设备及试验方法

本试验在天津市质量检测站第 24 站进行,主要设备为冻融循环用可控温冰柜和三思纵横 UTM4104 电子万能试验机,试件通过上下两个夹具连接在试验机上,试件与夹具通过强力胶连接。拉伸试验的原理如图 3-20 所示。

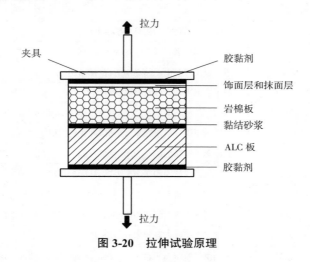

图 3-20　拉伸试验原理

本试验的试验方法参照《外墙外保温工程技术标准 》(JGJ 144—2019)的规定,具体要点如下。

(1)试件每次冻融循环时长应为 24 h,其中包括浸在水(20 ± 2 ℃)中的 8 h(使抹面层朝下浸入水中,注意去除表层的气泡)和冷冻在冰箱(−20 ± 2 ℃)中的 16 h。

(2)每经过 3 次冻融循环后,应从表面观察并记录各试件的变化(如是否出现裂缝、脱落等)。

(3)试验结束后,应经过 7 天的状态调节后,再进行拉伸试验。拉伸试验采用位移控制,加载速率是 5 mm/min,直至试件破坏,记录各试件破坏发生的位置及峰值荷载。

为防止岩棉板直接接触水分而影响试验结果,试验前在所有试件的岩棉板侧面缠绕一层防水胶带,并涂抹聚氨酯防水胶。待冻融循环结束后,将试件侧面防水胶及防水胶带清理干净,避免影响试验结果。

3.3.3.2　试验现象

1）冻融循环现象

每次冻融循环共计 24 h，包括 8 h 的泡水过程和 16 h 的冷冻过程，按照相关规范要求每 3 天需记录各试件表面的变化情况。其中，前 3 次冻融循环，各试件表面现象基本差别不大；第 6 次冻融循环后，挂网试件与不挂网试件的表面腻子脱落现象有明显的区别，整体来看，未挂网试件表面腻子脱落情况明显比挂网试件严重，说明挂网可以有效缓解冻融循环对饰面层腻子的影响；所有试件抹面层均出现明显的开裂及脱落现象。试件表面变化的具体情况见表 3-13 和图 3-21 至图 3-23。

表 3-13　试件表面变化情况

冻融循环次数	试件类型	试件表面变化
3 次	未挂网试件	腻子表面出现较为明显的脱落现象
	挂网试件	腻子表面出现裂缝及轻微的脱落现象
6 次	未挂网试件	表面腻子脱落面积约 20%，抹面层露出
	挂网试件	腻子表面出现裂缝及轻微脱落
9 次	未挂网试件	表面腻子脱落面积在 20%~40%，抹面层露出面积约 30%
	挂网试件	表面腻子出现脱落现象，个别试件脱落面积较大，抹面层露出
12 次	未挂网试件	表面腻子脱落面积达 50%，抹面层露出面积 30%~40%
	挂网试件	表面腻子脱落面积在 20% 左右，抹面层露出
15 次	未挂网试件	表面腻子脱落面积超 50%，抹面层露出面积在 50% 左右
	挂网试件	表面腻子脱落面积在 30% 左右，抹面层裸露面积在 20% 左右
18 次	未挂网试件	表面腻子脱落面积超 60%，抹面层裸露面积在 50% 以上
	挂网试件	表面腻子脱落面积在 30%~40%，抹面层裸露面积在 20% 左右
21 次	未挂网试件	表面腻子脱落面积在 70% 以上，抹面层裸露面积超 60%
	挂网试件	表面腻子脱落面积在 40%~50%，抹面层裸露面积在 30% 左右
24 次	未挂网试件	表面腻子脱落面积在 70%~90%，抹面层裸露面积在 70% 以上
	挂网试件	表面腻子脱落面积约 50%，抹面层裸露面积在 30%~40%
27 次	未挂网试件	表面腻子脱落面积达 90%，抹面层裸露面积在 80% 以上
	挂网试件	表面腻子脱落面积超 50%，抹面层裸露面积在 50% 左右
30 次	未挂网试件	表面腻子基本全部脱落，抹面层裸露面积在 80% 以上
	挂网试件	表面腻子脱落面积超 70%，抹面层裸露面积超过 50%

（a）未挂网试件　　　　　　　　　（b）挂网试件

图 3-21　未挂网和挂网试件 9 次冻融循环试验现象

（a）未挂网试件　　　　　　　　　（b）挂网试件

图 3-22　未挂网和挂网试件 21 次冻融循环试验现象

（a）未挂网试件　　　　　　　　　（b）挂网试件

图 3-23　未挂网和挂网试件 30 次冻融循环试验现象

2）拉拔试验现象

纯黏结的试件由于没有锚栓的锚固,在 0 次冻融循环拉拔时,破坏方式均为岩棉板下部与 ALC 板的黏结界面破坏。经历冻融循环后,纯黏结未挂网试件的抹面层以及黏结层的砂浆都会受到影响,但抹面层受到的强度损失影响更大。对于黏结率较高的 DR-2 和 DR-3 组试件,岩棉板与 ALC 板黏结强度较高,破坏方式改为岩棉板上部与抹面层的黏结界面破坏。

黏结率较低的 DR-1 组试件,由于岩棉板与 ALC 板黏结强度较低,通常小于抹面层的强度,因此破坏形式仍为岩棉板下部的黏结界面破坏。

有锚栓连接且挂网的试件破坏形式与前文拉拔试验中试件的破坏形式一致,均为岩棉板上部与抹面层的黏结界面破坏。

各组试件的拉拔试验现象见表 3-14。

表 3-14　各组试件的拉拔试验现象

试件编号	试验参数		破坏现象			
	岩棉板与 ALC 板	饰面层与岩棉板	循环次数 0 次	循环次数 10 次	循环次数 20 次	循环次数 30 次
DR-1	40%黏结率,无锚栓	未挂网	岩棉板下部黏结界面破坏	岩棉板下部黏结界面破坏	岩棉板下部黏结界面破坏	岩棉板下部黏结界面破坏
DR-2	80%黏结率,无锚栓	未挂网	岩棉板下部黏结界面破坏	岩棉板上部界面破坏	岩棉板上部界面破坏	岩棉板上部界面破坏
DR-3	100%黏结率,无锚栓	未挂网	岩棉板下部黏结界面破坏	岩棉板上部界面破坏	岩棉板上部界面破坏	岩棉板上部界面破坏
DR-4	100%黏结率,1 个锚栓	构造做法①	岩棉板上部界面破坏	岩棉板上部界面破坏	岩棉板上部界面破坏	岩棉板上部界面破坏
DR-5	100%黏结率,1 个锚栓	构造做法②	岩棉板上部界面破坏	岩棉板上部界面破坏	岩棉板上部界面破坏	岩棉板上部界面破坏

3.3.3.3　试验结果分析

1)黏结率的影响

经历不同程度的冻融循环后,不同黏结率纯黏结试件的抗拉强度变化情况与抗拉强度损失率情况如图 3-24 和图 3-25 所示。可以看出,试件的抗拉强度随着冻融循环次数的增加而逐渐降低;抗拉强度损失率与黏结率大致呈正相关的关系,即冻融循环抗拉强度损失的影响程度随黏结率的增加而增大。

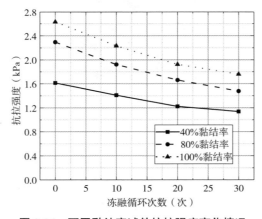

图 3-24　不同黏结率试件抗拉强度变化情况

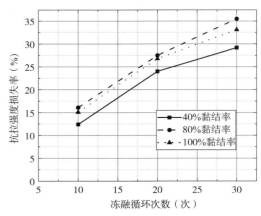

图 3-25　不同黏结率试件抗拉强度损失率变化情况

不同黏结率试件的拉伸强度以及拉伸强度损失率随冻融循环次数的变化趋势较为相近。为便于研究,分析平均抗拉强度 σ 与冻融循环次数 N 的变化关系以及抗拉强度损失率 $\Delta\sigma$ 与冻融循环次数 N 的关系。

选用单变量拟合方法,假定平均抗拉强度 σ 随变量 N 变化时的多项式为

$$\sigma = a_0 + a_1 N + a_2 N^2 + \cdots + a_n N^n \tag{3-1}$$

式中 a_i——拟合系数;

　　　　n——多项式的次数;

　　　　N——冻融循环次数。

利用回归分析,计算拟合系数 a_i,得出平均抗拉强度 σ 与冻融循环次数 N 的关系式为

$$\sigma = 0.000\,5N^2 - 0.038\,4N + 2.181\,5 \tag{3-2}$$

式(3-2)拟合精度 $R^2=0.999\,8$,纯黏结外墙板的抗拉强度 σ 与冻融循环次数 N 呈二项式的变化规律。

运用单变量拟合,利用回归分析,得到纯黏结试件的平均抗拉强度损失率 $\Delta\sigma$ 与冻融循环次数 N 的关系式为

$$\Delta\sigma = -0.025\,5N^2 + 1.925N - 2.2 \tag{3-3}$$

式(3-3)拟合精度 $R^2=0.999\,8$,纯黏结外墙板的抗拉强度损失率 $\Delta\sigma$ 与冻融循环次数 N 呈二项式的变化规律。

2)构造做法的影响

不同构造做法试件在经历不同程度的冻融循环后,抗拉强度及抗拉强度损失率变化情况如图 3-26 和图 3-27 所示。可以看出,采用锚栓连接的试件抗拉强度明显大于纯黏结试件,而且构造做法的改变可以显著提高试件的承载能力,这与前文拉拔试验的试验结论相一致。两组试件的抗拉强度与冻融循环次数呈负相关,但锚栓连接试件抗拉强度相比于纯黏结试件下降幅度更小。

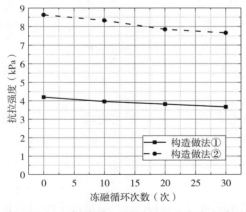

图 3-26 不同构造做法试件抗拉强度变化情况

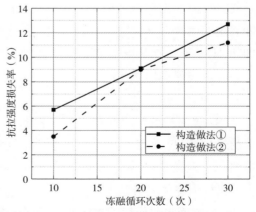

图 3-27 不同构造做法试件抗拉强度损失率变化情况

由于两种构造做法的抗拉强度相差较大，且其随冻融循环次数的增加，抗拉强度下降的变化趋势也不同，因此分别拟合两种构造做法试件的关系曲线。

同样运用单变量拟合，利用回归分析，得到两种构造做法的抗拉强度 σ 与冻融循环次数 N 的关系式如下。

构造做法①：

$$\sigma_1 = 0.000\,2N^2 - 0.024\,1N + 4.194\,5 \tag{3-4}$$

拟合精度 $R^2 = 0.996$。

构造做法②：

$$\sigma_2 = 0.000\,3N^2 - 0.042\,1N + 8.653\,5 \tag{3-5}$$

拟合精度 $R^2 = 0.981\,2$。

两种构造做法的外墙板的抗拉强度 σ 与冻融循环次数 N 呈二项式的变化规律。

同样运用单变量拟合，利用回归分析，得到两种构造做法的抗拉强度损失率 $\Delta\sigma$ 与冻融循环次数 N 的关系式如下。

构造做法①：

$$\Delta\sigma_1 = 0.001N^2 + 0.31N + 2.5 \tag{3-6}$$

拟合精度 $R^2 = 0.999\,6$。

构造做法②：

$$\Delta\sigma_2 = -0.016\,5N^2 + 1.045N - 5.3 \tag{3-7}$$

拟合精度 $R^2 = 0.999\,8$。

两种构造做法的外墙板的抗拉强度损失率 $\Delta\sigma$ 与冻融循环次数 N 呈二项式的变化规律。

3）冻融循环强度退化机理分析

从微观结构分析，砂浆是一种不连续的、内部具有许多孔洞的结构。冻融循环作用主要是通过反复的温度以及湿度变化，使水分结冰后体积膨胀、融化后体积收缩，如此不断地与砂浆内部以及板材黏结界面的裂纹和孔隙相互作用，最终导致黏结界面或材料本身的强度、韧性、刚度等性能下降，降低系统整体的抗拉能力，影响外围护体系的使用寿命。

砂浆与保温层之间的黏结力主要由表面机械作用、表面吸附作用以及表面扩散作用三个方面产生。

（1）表面机械作用的本质是冻融循环过程中伴随温度的反复变化造成材料在一定程度上的老化，引起 ALC 板和岩棉板表面的孔洞疏松，原本通过"微钩"的机械作用镶嵌在孔洞中的砂浆慢慢脱离出来，随着冻融循环的不断进行，板材孔洞中的砂浆不断减少，由砂浆产生的机械力也就越来越小。

（2）表面吸附作用的本质是分子间普遍具有的范德华力引起的。但是这种吸附作用十分有限，在冻融循环作用下，受到轻微的干扰，这种吸附力很快就会丧失。

（3）表面扩散作用是砂浆中的高分子乳胶颗粒发生凝聚所引起的。在冻融循环的作用下，乳胶颗粒的凝聚作用会逐渐减弱，同时由于外界环境温湿度的变化，砂浆内部中间产生渗透压，造成孔隙的膨胀，从而使表面的扩散作用逐渐减弱。

结合试验现象及数据进行具体分析，对于 DR-1 至 DR-3 组试件，由于其抹面层没有铺挂耐碱网格布，在浸水过程中水分很容易透过饰面层和抹面层，从而影响与抹面层黏结的岩棉板部分，甚至可能透过岩棉板影响下方与 ALC 板的黏结界面，因而这 3 组试件在冻融循环作用下的强度损失率较高。由冻融循环过程中的现象也可以看出，20 次冻融循环与 10 次冻融循环相比，其后试件表面腻子脱落和抹面层裸露情况已较为严重，因而强度损失率的增长幅度也较大；而 30 次冻融循环后，由于试件表面腻子层已基本脱落，因而虽然系统抗拉强度仍在下降，但强度损失率增长幅度出现降低。

在 0 次冻融循环拉拔试验时，DR-1 至 DR-3 组试件的破坏方式均为岩棉板下部与 ALC 板的黏结界面破坏。经历冻融循环后，试件的抹面层、岩棉板以及黏结层的砂浆都会受到影响，但与水分直接接触的抹面层受到的强度损失影响更大。对于黏结率较高的 DR-2 和 DR-3 组试件，破坏方式改为岩棉板上部与抹面层的黏结界面破坏；对于黏结率较低的 DR-1 组试件，由于其岩棉板与 ALC 板黏结强度较低，通常小于抹面层的强度，因此试件的破坏形式仍为岩棉板下部的黏结界面处破坏。

对于 DR-4 和 DR-5 组试件，由于耐碱网格布的存在，它与抹面砂浆一起组成一道强力的外墙围护体系的保护层，有效地降低了试验过程中温湿度变化所引起的面层开裂等情况对系统的影响。由于锚栓在 ALC 板中的锚固作用基本未受到影响，因而这两组试件的破坏形式均为岩棉板上部与抹面层的黏结界面开裂。而且在冻融循环过程中，带有网格布的 DR-4 和 DR-5 组试件饰面层的腻子脱落情况明显优于另外 3 组试件，腻子层的存在有效减少了在浸水过程中抹面层与水分的接触，降低了水分对系统承载力的影响。因而，带有耐碱网格布的试件经历冻融循环后的抗拉强度损失率较小。

3.4　外保温系统抗风承载力计算方法

3.4.1　引言

通过前文的拉拔试验研究了在不同构造做法、不同连接参数的情况下，外墙板在风荷载作用下的抗拉承载力变化规律和破坏机理；通过冻融循环试验研究了在不同程度冻融循环作用下，不同构造做法、不同连接参数的试件的破坏特征和强度退化规律。在拉拔试验的基础上，为了进一步研究外墙板体系在风荷载作用下的力学性能，本节使用 ABAQUS 软件对外墙板及连接构造进行数值模拟，研究外墙板体系关键位置的力学性能，并将其与试验结果对比，验证有限元模型的正确性。

　　由于影响外墙板体系抗风荷载力的因素较多,通常无法逐一进行试验研究。因此,通过参数化分析,研究锚栓个数、锚栓圆盘直径、锚栓排布方式、锚栓端距等因素对外墙板体系防脱落性能的影响。

　　基于试验和有限元分析,从砂浆的黏结力和锚栓圆盘与网格布形成的机械作用力叠加的角度,提出外墙板拉拔承载力的计算公式。

3.4.2　有限元分析及参数化研究

3.4.2.1　有限元模型的建立

　　由于外墙板体系涉及的材料较多,如按照试验完整地建立包括腻子、抹面砂浆、网格布等在内的全部模型,会导致单元数量巨大,且由于不同材料间厚度差别过大以及各部件之间接触复杂,在有限元模拟时将无法顺利进行计算。

　　本节结合试验,提出外墙板系统抗风简化模拟方法。由于试验过程中饰面层及剪力墙钢板没有任何的试验现象,破坏主要出现在岩棉板和抹面层,因此本节只建立包含抹面层、岩棉板、ALC 板和锚栓的有限元模型,对抹面层、岩棉板与 ALC 板之间的黏结作用采用黏结接触进行模拟。

　　在实际试验过程中, ALC 板、岩棉板、抹面砂浆和锚栓的材料强度,相较于加载至系统破坏时的强度均较大,且破坏基本上是抹面层与岩棉板界面的开裂破坏。因此,在有限元模拟中,ALC 板、岩棉板、抹面砂浆和锚栓的本构模型均采用理想的二折线模型。

　　模型中各部件之间的接触可分为两类:一类为黏结接触,包括 ALC 板与岩棉板之间的接触,岩棉板(除岩棉板被锚栓盘压住的区域)与抹面层之间的接触,以及锚栓盘与抹面层之间的接触;另一类为普通面-面接触,即锚栓与 ALC 板及岩棉板之间的接触。黏结接触采用定义"cohesive behavior"的方法进行模拟。在普通面-面接触中,法向采用硬接触,锚栓与 ALC 板部分的切向行为设置为"rough"以模拟锚栓的锚固作用,锚栓与岩棉板部分的切向行为则设置为库伦摩擦,摩擦系数为 0.5。

　　模型的网格单元选择 C3D8R。本节的研究重点是岩棉板和抹面层的界面,且由于存在黏结接触作用,网格会有较大变形,因此对抹面层、岩棉板和锚栓采用精细化的网格;同时为了缩短计算时间,对 ALC 板的网格进行相对粗略的划分。

　　实际情况下, ALC 板使用 2 个对拉螺栓悬挂在剪力墙钢板上,每块 ALC 板和剪力墙贴合紧密,剪力墙的刚度足够大, ALC 板不会产生旋转或者错动,因而在 ALC 板的底面使用固定约束,限制其 6 个方向的自由度。

　　加载方式与试验一致,将抹面层的上表面耦合到其中心点上,并对其施加竖向的位移荷载。

3.4.2.2　有限元模拟结果对比与分析

　　根据试验结果,在实际工程中推荐采用构造做法②的试件,因此本节也仅对构造做法②

的试件进行有限元模拟分析,且 4 个试件的破坏模式均一致,图 3-28 所示为 SJ-7 试件有限元模型在拉力作用下的破坏形态,即为抹面层和岩棉板连接界面脱离破坏,与试验破坏形态相同。图 3-29 所示为 SJ-7 试件破坏状态下岩棉板的应力及位移云图,由于锚栓的局部锚固作用,岩棉板的受力及变形呈现不均匀性,受锚固区域位移显著较小但应力较大。图 3-30所示为 SJ-7 试件岩棉层及抹面层之间的接触应力情况。可以看出,接触面的大部分区域黏结应力均在 2.6 kPa 左右,这与试验过程中测得的纯黏结试件的黏结抗拉强度相一致。

（a）试验破坏形态　　　　　　　　　　　　　　（b）有限元破坏形态

图 3-28　试件 SJ-7 破坏形态对比

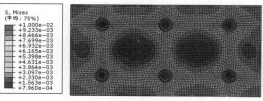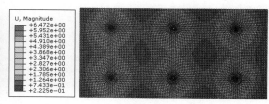

（a）应力云图　　　　　　　　　　　　　　（b）位移云图

图 3-29　试件 SJ-7 破坏状态下岩棉板应力及位移云图

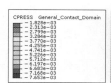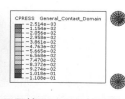

图 3-30　试件 SJ-7 岩棉层及抹面层之间的接触应力

通过比较试件 SJ-7 试验和有限元模型的荷载-位移曲线(图 3-31),可以看出两者的峰值荷载和变化趋势十分接近,但有限元模型曲线与试验相比,上升段和下降段的整体刚度略大,分析此差别产生的原因,主要有以下两点:

(1)本节对岩棉板采用理想弹塑性模型;

(2)使用黏性接触未能真实反映出抹面层砂浆与岩棉板脱离时岩棉板纤维层层脱离的现象。

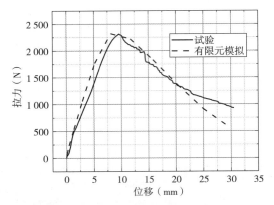

图 3-31   试件 SJ-7 荷载-位移曲线对比

　　为了更好地对比有限元模型的准确度,本节建立不同锚栓数量试件的有限元模型,并对其峰值荷载进行比较,如图 3-32 和表 3-15 所示。

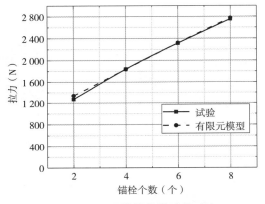

图 3-32   不同锚栓数量试件对比

表 3-15   不同锚栓数量试件对比

锚栓数量(个)	试验拉力(N)	有限元拉力(N)	误差(%)
2	1 268.5	1 338.2	5.49
4	1 840.5	1 838.4	−0.11
6	2 314	2 319	0.22
8	2 754.5	2 773.4	0.69

　　有限元分析得到的不同锚栓数量试件的承载力数值和变化趋势,均与试验结果十分接近。除 2 个锚栓试件的峰值荷载误差在 5.49% 外,其余试件误差均在 1% 以内,说明本节对于有限元模型的各项参数设置是正确、合理的。

3.4.2.3 参数化分析

采用本节提出的简化模型,进一步改变锚栓数量、锚栓圆盘直径、锚栓布置方式进行有限元分析,以研究各参数对外墙板系统抗拉承载力的影响。

1)锚栓数量的影响

外墙板系统极限拉力随锚栓数量变化的情况如图 3-33 所示。可以看出,外墙板系统所能承受的最大拉力随锚栓个数的增加而上升。当锚栓个数小于或等于 8 个时,上升规律基本呈线性的趋势;当锚栓个数达到 10 个和 12 个时,上升的趋势明显变缓,推测原因为锚栓数量增加导致锚栓间距变小,各个锚栓的作用范围出现相互重叠,因而承载力提升幅度减小。由参数化分析可以提出设计建议:综合考虑屋面板系统的抗拉承载力以及成本因素,本节试件采用的锚栓个数不宜超过 8 个,换算为单位面积内不宜超过 20 个。

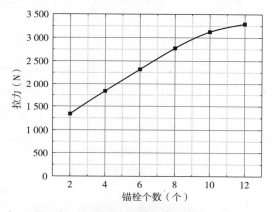

图 3-33　不同锚栓数量模型承载力变化

2)锚栓圆盘直径的影响

不同锚栓圆盘直径试件的承载力变化规律如图 3-34 所示。可以看出,外墙板系统的抗拉承载力随着锚栓圆盘直径的增大而呈线性上升。推测其原因为随着锚栓圆盘的直径增大,网格布的受剪范围(即沿锚栓圆盘外边缘)增大,网格布与锚栓之间的机械作用增强。

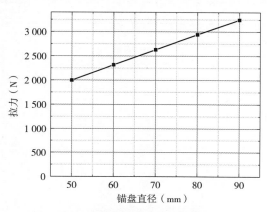

图 3-34　不同锚盘直径模型承载力变化

3）锚栓布置方式的影响

在此选取 5 种不同的锚栓布置方式，各模型的锚栓布置图如图 3-35 所示。经过有限元分析，得到各模型的抗拉承载力见表 3-16。由于模型简化且各模型使用同样的黏性属性和损伤演化属性，因此在锚栓数量相同的情况下，各模型的抗拉承载力数值比较接近。但是，不同的锚栓布置方式会导致锚栓作用范围的改变，必然会引起岩棉板在受拉过程中的变形改变，进而影响系统承载力。因此，可通过对各模型的变形进行研究来分析不同布置方式对系统整体的影响。各模型关键点岩棉板位移曲线比较如图 3-36 所示。其中，BZ-1 和 BZ-4 岩棉板表面最大位移较小，且整体分布较为均匀，在实际使用过程中可以有效约束岩棉板的变形，保障系统的抗拉强度，建议使用这两种锚栓布置方式。

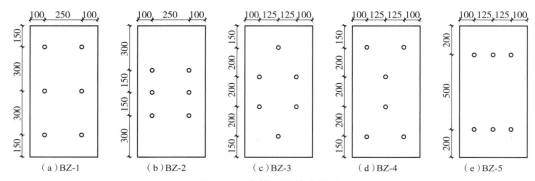

图 3-35　各模型锚栓布置图

表 3-16　不同锚栓布置方式模型的抗拉承载力

模型编号	抗拉承载力（N）
BZ-1	2 319.0
BZ-2	2 255.7
BZ-3	2 343.7
BZ-4	2 344.8
BZ-5	2 287.3

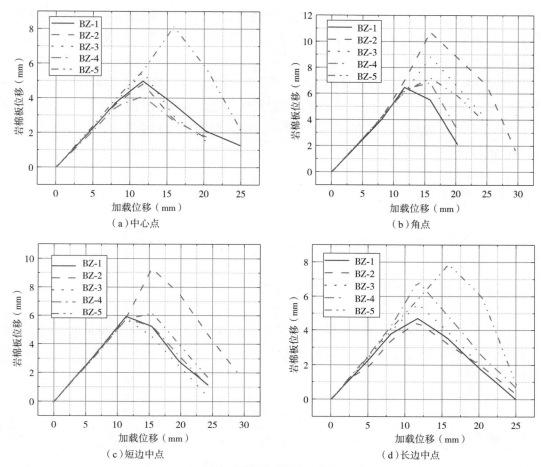

图 3-36　各模型关键点岩棉板位移曲线比较

3.4.3　外保温系统抗风承载力计算公式

经过试验和有限元分析,已经研究了锚栓数量和岩棉板黏结率对系统抗拉强度的影响,也从荷载传递的角度对外墙板的破坏机理进行了分析。在此基础上,本节提出考虑锚栓数量和岩棉板黏结率的外墙板系统抗风承载力计算公式。

外围护墙板实际所受到的风荷载作用应小于系统的抗风荷载能力,因此有

$$\frac{R}{K} \geq S_d \qquad\qquad (3-8)$$

式中　R——外墙板系统的抗风荷载能力;

　　　S_d——风荷载设计值;

　　　K——外墙板抗风荷载安全系数,岩棉板取 3.3。

下面讨论外墙板系统抗风荷载能力的计算方法。

根据前文试验,得到采用纯黏结做法的外墙板系统的抗拉强度为 2.63 kPa。对于构造

做法①的试件,当采用 2 个锚栓和 4 个锚栓连接时,试验得到的抗拉强度均不足 2.63 kPa,且在实际工程中两种构造做法施工成本相当,而构造做法②承载力得到大幅提升,因此本节仅计算构造做法②的系统承载能力。

在实际情况下,网格布位于抹面层的中间位置,抹面砂浆与岩棉板直接接触。通过试验现象可知,试件的破坏形式为抹面层砂浆与岩棉板的脱离以及锚栓圆盘范围处的网格布撕裂。因此,可以认为系统承载力包括两部分:抹面砂浆的黏结力和锚栓圆盘与网格布形成的范围机械力,即

$$F = F_s + F_p \tag{3-9}$$

式中　F——系统的抗拉承载力;

　　　F_s——纯黏结力;

　　　F_p——锚栓圆盘的机械力。

$$F_s = S_A \times f_s \tag{3-10}$$

式中　S_A——系统锚栓圆盘范围外的纯黏结面积,为系统面积与锚栓圆盘面积的差值;

　　　f_s——纯黏结强度。

已经知道,抹面砂浆的黏结强度 $f_s = 2.63$ kPa,将系统的抗拉强度减去抹面砂浆的黏结强度,即可得到锚栓圆盘与网格布形成的范围机械力。表 3-17 列出了不同锚栓数量模型的纯黏结力和机械力。

表 3-17　不同锚栓数量模型的纯黏结力和范围机械力

锚栓个数(个)	拉力(N)	纯黏结力(N)	范围机械力(N)
2	1 338.2	1 050.3	287.9
4	1 838.4	1 035.4	803.0
6	2 319.0	1 020.6	1 298.4
8	2 773.4	1 005.7	1 767.7
10	3 125.5	990.8	2 134.7
12	3 295.0	976.0	2 319.0

其中,锚栓圆盘的机械力与其沿圆周网格布的撕裂有关,因此可以认为锚栓圆盘的机械力与其圆周长度有关,表 3-18 列出了不同锚栓数量模型的锚盘单位长度的机械力。

表 3-18　不同锚栓数量模型的锚盘单位长度机械力

锚栓个数(个)	机械力(N)	锚盘直径(mm)	锚盘单位长度机械力(N/mm)
2	287.9	30	0.764
4	803.0	30	1.066
6	1 298.4	30	1.149

锚栓个数(个)	机械力(N)	锚盘直径(mm)	锚盘单位长度机械力(N/mm)
8	1 767.7	30	1.173
10	2 134.7	30	1.133
12	2 319.0	30	1.026

观察表 3-18 中的数据可以发现,除采用 2 个锚栓的模型外,其余模型锚盘单位长度机械力均比较接近,用下式对其余 5 个模型求平均值,得到 $F_L=1.11$ N/mm。

$$F_L = \frac{\sum_{i=1}^{n} F_{Li}}{n} \tag{3-11}$$

式中　F_L——锚盘单位长度机械力;

　　　F_{Li}——第 i 个模型的锚盘单位长度机械力;

　　　n——模型数量。

对于 100%黏结率的试件的抗拉荷载能力的计算公式可以表示为

$$F = S_A \times f_s + N \times F_L \times \pi \times D \tag{3-12}$$

式中　N——锚栓数量;

　　　D——锚栓圆盘直径。

将不同的锚栓数量以及所使用的锚盘直径代入式(3-12)进行验证,计算值和试验值以及有限元模型数值对比见表 3-19 和表 3-20。

表 3-19　不同锚栓数量公式计算值与试验值、有限元模型数值的比较

锚栓个数(个)	公式计算值(N)	试验值(N)	与试验值误差	有限元模型数值(N)	与有限元模型数值误差
2	1 468.5	1 268.5	15.7%	1 338.2	9.7%
4	1 871.9	1 840.5	1.7%	1 838.4	1.8%
6	2 275.3	2 314.0	-1.7%	2 319.0	-1.9%
8	2 678.7	2 754.5	-2.8%	2 773.4	-3.4%
10	3 082.1	—	—	3 125.5	-1.4%
12	3 485.4	—	—	3 295.0	5.8%

表 3-20　不同锚盘直径公式计算值与有限元模型数值的比较

锚盘直径(mm)	锚栓个数(个)	公式计算值(N)	有限元模型数值(N)	与有限元模型数值误差
50	6	2 066.2	1 997.9	3.4%
60	6	2 275.3	2 319.0	-1.9%
70	6	2 484.4	2 629.2	-5.5%
80	6	2 693.5	2 940.9	-8.4%
90	6	2 902.7	3 243.3	-10.5%

通过表 3-19 和表 3-20 的对比,可以看出本节提出的计算公式得到的计算值与试验和有限元模拟得到的数值十分接近,误差较小,具有一定的适用性。

对于黏结率小于 80% 的试件,黏结砂浆无法有效约束岩棉板在受拉过程中的变形,因而会出现提前破坏,甚至锚栓拔出的现象。这类试件由于黏结界面约束不足,无法单纯通过计算抹面层黏结强度和锚盘机械力来得到系统的抗拉荷载值。根据试验结果,出于安全考虑,对式(3-11)增加一个安全系数,来考虑黏结率不足对系统抗拉强度的影响。根据计算可得表 3-21。

表 3-21　不同黏结率试件的强度折减

黏结率	试验拉力(N)	100%黏结试件的强度折减率
0%	1 610.0	0.696
40%	1 909.0	0.825
80%	2 190.0	0.946
100%	2 314.0	1.000

从表 3-21 可以看出,黏结率从 0% 增加到 40%,强度折减率增加 0.129;从 40% 增加到 80%,强度折减率增加 0.121;从 80% 增加到 100%,强度折减率增加 0.054,基本呈线性趋势增加。因此,出于安全考虑,可将最终的承载力计算公式表示为

$$R = \gamma \times (S_A \times f_s + N \times F_L \times \pi \times D) \tag{3-13}$$

式中　γ——岩棉板黏结率折减系数,当黏结率为 0% 时,取 0.65,黏结率每增加 20%,其值增大 0.05;当黏结率为 100% 时,取 1。

3.4.4　外墙板构造设计建议

基于试验结果和有限元模拟分析结果,提出组合剪力墙外墙板构造设计建议如下:

(1)岩棉板抹面层的做法宜采用构造做法②的形式,即锚栓盘压住网格布,网格布位于岩棉板和锚栓盘之间;

(2)为了有效限制岩棉板的变形,提高锚栓的锚固能力,岩棉板黏结率宜大于 80%;

(3)综合考虑安全性能及造价等因素,岩棉板所用锚栓数量不宜多于 8 个,每平方米不多于 19 个;

(4)结合各地规范,锚栓圆盘直径不应小于 50 mm,且宜尽量取大值;

(5)为有效约束岩棉板变形,岩棉板锚栓端距不宜大于 200 mm,间距不宜大于 350 mm。

3.5　本章小结

本章对装配式钢结构建筑组合剪力墙体系的外墙板结构的抗风荷载防脱落性能进行了试验研究、有限元模拟和理论分析,得到的主要结论如下。

（1）通过对 15 组试件进行拉拔试验,观察和研究各试件在风荷载作用下的试验过程和破坏特征,对比不同的构造做法、不同的砂浆黏结率、不同的岩棉板锚栓个数和不同的外墙板类型对结构极限荷载和破坏形式的影响,研究其破坏机理,得到的主要结论如下。

①所有试件的最终破坏形式为抹面层与岩棉板的脱落分离,说明这种连接构造具有较高的承载力和较好的安全性,可以在较大风荷载的作用下,保证重量较大的岩棉板和 ALC 板与主体结构的连接,降低外墙板脱落的危险性。

②改变构造做法是通过提高抹面层的强度和刚度,加强对板材变形的约束来影响系统的抗拉承载力,采用构造做法②的试件的抹面层抗拉承载力明显高于采用构造做法①的试件,实际工程中推荐使用构造做法②。

③锚栓数量对系统的抗拉承载力有显著的影响。系统的抗拉强度随锚栓个数的增加呈线性上升的趋势。岩棉板黏结率对系统的抗拉承载力影响与构造做法相关,采用构造做法①的试件,当锚栓数量达到 6 个或以上时,系统抗拉承载力与黏结率无关;采用构造做法②的试件,系统抗拉强度随黏结率的增加而增大。80%黏结率基本可以约束岩棉板的变形,整体传力更加均匀,因此建议实际工程中黏结率大于或等于 80%。

④保温装饰一体板与结构的连接方式具有较高的抗拉能力。其破坏形式是黏结砂浆开裂后连接件的破坏,保温装饰一体板本身没有明显的破坏现象,因此可以在实际施工中通过提高连接件与钢板的连接强度来提高其抗拉承载力。

（2）通过设计 5 组不同连接参数的试件,在冻融循环后对其进行拉拔试验,观察它们在经历不同程度的冻融循环后,在风荷载作用下的破坏过程,对比冻融循环作用对不同构造做法、不同砂浆黏结率的影响程度,以及它们的强度损失情况和承载力变化规律,分析冻融循环作用的影响机理,得到的主要结论如下。

①常态下,两种挂网锚固试件的破坏形式都是岩棉板上部与抹面层的连接界面破坏,发生网格布的撕裂,且采用构造做法②的试件的抗拉强度明显大于采用构造做法①的试件;纯黏结试件的破坏形式为岩棉板与 ALC 板的黏结界面破坏,抗拉强度随黏结率的增大而呈线性增长的趋势。

②纯黏结试件的黏结率越大,受冻融循环的影响程度越大,强度损失率也越高,但随着冻融循环次数的增加,其增长幅度会逐渐减小。它们在冻融循环作用下的强度变化以及强度损失率变化规律基本接近。

③挂网锚固的试件,由于抹面层有网格布的作用,有效缓解了饰面层腻子的脱落情况,

强度损失率明显降低。采用构造做法①的试件的强度损失率整体大于采用构造做法②的试件，说明冻融循环作用对采用构造做法①的试件的影响更大，实际工程中推荐使用构造做法②。

（3）利用有限元 ABAQUS 软件对外墙板体系的受力过程和破坏机理进行数值模拟，然后研究岩棉板锚栓个数、锚栓盘直径、锚栓排列方式等对结构抗负风压承载力的影响，得到的主要结论如下。

①当锚栓个数小于或等于 8 个时，系统的抗拉强度随锚栓数量的增加而呈线性上升的趋势；当锚栓个数超过 8 个时，上升趋势明显放缓。综合考虑成本以及安全方面因素，建议试件采用的锚栓个数不要超过 8 个，即单位面积锚栓数量不多于 19 个。

②增加锚栓圆盘直径，相当于增加锚栓圆盘和网格布以及抹面砂浆的接触范围，提高抹面层的整体性和连接强度，进而提高抗拉强度。其对于约束锚栓圆盘范围外的岩棉板变形能力，几乎没有任何帮助。

③不同的锚栓布置方式，对于岩棉板的变形能力影响较大，进而会对体系的破坏形态和破坏荷载产生较大的影响。经过对板面变形的研究，BZ-1 和 BZ-4 布置方式的模型岩棉板变形较为均匀，且最大位移较小，可以有效约束岩棉板的变形。

④从抹面砂浆的黏结力和锚栓圆盘与网格布形成的范围机械力叠加的角度，提出外墙板抗拉承载力的计算公式。

Chapter 4

ALC 板填充内墙构造与抗裂性能研究

4.1 ALC 板填充内墙构造与研究背景

4.1.1 研究背景与意义

目前,资源短缺日益严重和能源消耗日益增多是世界各国普遍存在的问题,研制一种强度高、质量好、保温隔热性能优良、耐火性佳、施工工艺简单、装配化程度高的墙板,既是贯彻落实节约资源、坚持可持续发展建筑理念的重要体现,也是国家大力发展装配式建筑的必然要求。近年来,在国家对装配式建筑的大力支持下,越来越多的轻质墙板被一些国家和地区所重视,特别是具有众多优良性能的 ALC 板在 1 000 多项国内外建筑工程中用作内外墙板。

ALC 板是以水泥、石灰、粉煤灰等为主要原料,且内部有增强钢筋,在蒸汽高压养护下而形成的多气孔轻质板材。ALC 板的结构构造使其在建筑结构中具有保温、隔热和耐火的特性,适合用作装配式钢结构的内外墙板,如图 4-1 所示。

(a)ALC 外墙板 　　　　　　　　(b)ALC 屋面板 　　　　　　　　(c)ALC 内墙板

图 4-1　ALC 板应用

　　随着各国对装配式建筑要求的提高,具有保温、隔热、轻质、防火等优点的蒸压加气混凝土应运而生,并被广泛应用在工业及民用建筑的承重或围护结构中。蒸压加气混凝土制品主要有板材(ALC 板)和砌块两种类型,早期主要以砌块为主,但是随着建筑工业化程度的提高以及人们对结构稳定性及施工方便性的要求提高, ALC 板得到了广泛应用,主要用于住宅以及工业建筑外墙、内隔墙和屋面板等。

　　从 1898 年 ALC 板问世,经过 100 多年的发展,目前世界各国已经形成本国特有的生产技术,通过工业化、标准化的制备,现在 ALC 板已经在很多国家得到普及。我国最早在 20世纪 60 年代开始研究蒸压加气混凝土,但是直到政府大力支持墙体改革和新型墙体材料的研究及应用, ALC 板才在我国发达城市得到广泛发展,并对 ALC 板的静力性能、抗震性能以及施工工艺等方面进行了一系列试验研究及相关理论分析,但是缺乏钢框架内嵌 ALC 板的抗裂性能研究,且目前墙体裂缝已成为建设单位和业主普遍关注的问题,解决钢框架内嵌ALC 板的裂缝问题迫在眉睫,如图 4-2 所示。

　　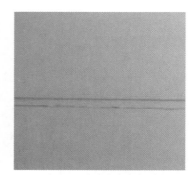

（a）ALC 板间裂缝　　　　　　　　　　　　（b）ALC 板与钢框架间裂缝

图 4-2　ALC 板裂缝图

4.1.2　国内外研究现状

4.1.2.1　ALC 板的力学性能

　　目前, ALC 板已经普遍应用在各类住宅和工业建筑中,前期许多专家学者对 ALC 板的静力性能进行了大量的理论和试验研究,主要集中在抗压、抗弯和抗剪等方面。

　　许多专家学者在对 ALC 板的静力性能进行研究的同时,还对 ALC 板的抗震性能进行了研究,主要集中在地震作用下装配式钢框架内嵌 ALC 板体系的位移延性、滞回性能、刚度和承载力等特性。ALC 板尤其是内嵌式 ALC 板对钢框架结构承载力和刚度有明显提高,无论是钢框架内嵌 ALC 板还是外挂 ALC 板以及连接件均具有良好的耗能性能和变形能力,为本章钢框架内嵌 ALC 板体系研究提供了理论基础。

4.1.2.2　ALC 板的施工工艺

　　在国家大力发展装配式结构的政策推动下,更多企业越来越重视对 ALC 板施工工艺的研究,以期 ALC 板能更好地与主体结构协同作用。ALC 板的施工工艺研究主要包括 ALC 板与主体结构的构造研究、ALC 板的安装工艺研究和 ALC 墙板裂缝研究。

1)ALC 板与主体结构的构造研究

近年来,国内外使用最多的 ALC 板与主体结构的连接方式主要有钩头螺栓、角钢和 ADR 等连接件(图 4-3),一些专家学者对其相关性能进行了大量的有限元模拟和试验研究,伴随着装配式建筑结构的发展,兼顾性能好和连接佳的新型连接节点应运而生,从而推动了轻型墙板的发展。

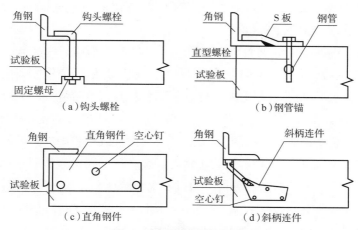

图 4-3　各种连接件示意图

2)ALC 板的安装工艺研究

国家对建筑质量的重视和业主对居住环境要求的提高促使 ALC 板安装工艺不断更新和提高,主要表现在板材的布置形式、板缝的处理以及门窗洞口处的加强等方面,通过一系列简单的理论分析和研究,ALC 板的安装工艺得到显著提高。

3)ALC 墙板裂缝研究

随着建筑行业的发展,性能优良的 ALC 板被广泛应用,但是由于 ALC 墙板自身的物理性能和施工不当产生的裂缝,严重影响了墙体的结构性能,让业主陷入恐慌,因此解决 ALC 墙板裂缝问题刻不容缓。

综上所述,现有研究对 ALC 板产生裂缝的原因进行了分析,并做了总结,从 ALC 墙板生产、养护、安装和墙板接缝处理等方面进行了深入研究,为解决 ALC 墙板裂缝问题和推进装配式墙体发展奠定了坚实的基础。

4.1.2.3　研究现状小结

随着建筑装配化程度的提高,性能优良、配合简单、施工流程和安装工序简捷使 ALC 板在实际工程中得到了广泛应用。随着 ALC 板大范围、广领域的应用,更突出了它的实用性和经济性以及广阔的发展前景。

目前,针对钢结构内嵌 ALC 板在抗震性能以及施工工艺等方面的研究比较全面,但是针对 ALC 板与钢框架之间裂缝开展规律的研究较少,缺乏成系统、多参数的深入研究,而且 ALC 板与主体结构裂缝的研究成果多为实际工程项目经验所得,缺乏正规的试验研究和模拟分析。为了真正解决 ALC 墙板与结构在不同位移角下的裂缝问题,本章针对 ALC 墙板与主体结构的裂缝进行试验研究和模拟分析。

4.1.3　本章主要内容概括

本章基于矩形钢管混凝土组合剪力墙结构体系,提出适用于局部高层钢框架填充 ALC 板的建筑构造体系,主要研究内容如下。

(1)ALC 板与钢框架裂缝试验研究。设计 4 组足尺的钢框架内嵌 ALC 板建筑构造模型,对其进行静力试验研究,以不同构造形式为主要变化参数,研究钢框架内嵌 ALC 板结构体系下建筑构造在水平单向荷载作用下 ALC 板与钢柱和钢梁接缝处的裂缝发展,观察分析 ALC 板与钢柱和钢梁接缝处裂缝的发展全过程,得到 ALC 板与钢柱和钢梁接缝处产生轻微裂缝和肉眼可见裂缝相对于结构的位移角;通过单向加载过程中裂缝的扩展情况,研究不同建筑构造形式对 ALC 板与钢柱和钢梁接缝处的裂缝在不同位移角下的影响。

(2)ALC 板与钢框架裂缝参数分析。通过 6 个裂缝计和 3 个光纤光栅位移传感器记录 4 个试件在不同位移角下的裂缝数据,并分析连接件、耐碱玻纤网格布以及 ALC 板与主体结构缝隙等参数对 ALC 板与钢框架裂缝宽度的影响,并与试验现象进行对比,得出最有利于防止裂缝产生的建筑构造体系。

(3)ALC 板与钢框架裂缝抗震性能有限元分析。运用 ABAQUS 有限元分析软件对钢框架内嵌 ALC 板结构进行模拟分析,将模拟结果与试验结果进行对比,得到正确的有限元模型后,对结构的受力过程与应力、应变状态以及 ALC 板与钢框架裂缝在不同位移角下的发展情况进行分析。

(4)ALC 板与钢框架裂缝抗震性能参数分析。基于静力试验和有限元分析,对 ALC 板与钢框架接缝的抗裂性能进行参数化分析,讨论连接件、耐碱玻纤网格布以及 ALC 板与钢框架缝隙等参数对 ALC 板与钢框架接缝处裂缝的影响。

4.2　ALC 板与钢框架连接构造抗裂试验研究

目前,装配式钢结构住宅结构部分的研究已经日趋完善,但建筑构造部分还有很多需要完善的地方, ALC 板与钢框架接缝处出现裂缝在世界很多国家也很普遍,欧美国家对 ALC 板与钢框架接缝处的裂缝成因进行了研究,但主要是从墙板生产工艺出发,而本试验主要研究钢框架与 ALC 板接缝处在不同位移角下的裂缝问题,通过试验研究,提出具体的 ALC 板与钢框架的抗裂措施和构造方法,提升装配式钢结构墙体的质量和性能。

4.2.1　试验概况

4.2.1.1　试验目的

（1）观察 4 组钢框架内嵌 ALC 板在不同位移角作用下接缝处的裂缝破坏特征,分析钢框架内嵌 ALC 板接缝处的抗裂性能,以及达到相关规范要求的 1/250 位移角时墙体的破坏发展规律,得到钢框架内嵌 ALC 板接缝处裂缝随位移角的变化规律。

（2）改变 ALC 板的连接方式和试件的建筑构造形式,得到不同连接方式和建筑构造形式对接缝处裂缝抗震性能的影响规律。

（3）得到钢框架内嵌 ALC 板接缝处裂缝在不同位移角下所对应的裂缝宽度和数量,并比较裂缝计和光纤光栅位移传感器的裂缝量测结果,且与试验结果进行对比。

（4）积累钢框架内嵌 ALC 板接缝处裂缝在不同位移角下的试验数据,为工程实际项目提供可靠依据。

4.2.1.2　试件设计

本试验设计 4 组足尺的单层单跨钢框架内嵌 ALC 板结构,各试件的尺寸基本一致,只有连接方式和建筑构造形式不同。单层墙体高度为 3 330 mm,宽度为 1 525 mm 和 1 545 mm,结构厚度为 150 mm,墙体总厚度为 300 mm,钢柱截面尺寸为 150 mm × 14 mm,钢梁尺寸为 HW 150 mm × 150 mm × 7 mm × 10 mm,具体试件参数和结构示意图分别如表 4-1 和图 4-4 所示。

表 4-1　试件试验参数

编号	ALC 板与 H 型钢梁填缝处理	ALC 板与方型钢柱填缝处理	ALC 板与钢柱接缝宽度（mm）	连接形式	接缝外贴材料
Q1	专用密封胶+专用底涂一道+1：3 水泥砂浆	专用密封胶+专用底涂一道+PE 棒+发泡剂	10	钩头螺栓	两层玻纤网格布
Q2			10	钩头螺栓	三层玻纤网格布
Q3			20	钩头螺栓	两层玻纤网格布
Q4			10	U 形钢卡	两层玻纤网格布

试件加工过程中,首先钢柱与钢梁通过焊接构成钢框架,并内嵌两块 ALC 板;然后 ALC 板通过钩头螺栓或焊接在钢梁上的 U 形钢卡进行连接,在 ALC 板和钢梁钢柱连接位置处经过专业填缝处理（宽度为 10 mm 或 20 mm）,并在墙体外侧粘锚岩棉板,钢梁腹板内侧塞岩棉板,外侧挂 50 mm 厚的 ALC 板与墙体两侧找平;最后在墙体两侧粘贴两层或三层耐碱玻纤网格布,并粉刷腻子和乳胶漆。ALC 板与钢梁的连接构造如图 4-5 所示,其中 C 型钢与钢梁的翼缘焊接,用来固定钢梁腹板内侧填充的岩棉板和 ALC 板,钩头螺栓通过焊接在钢梁翼缘上的角钢进行连接固定。

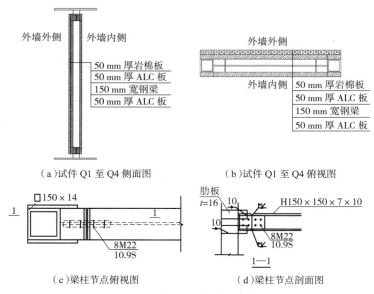

（a）试件 Q1 至 Q4 侧面图　　　　　（b）试件 Q1 至 Q4 俯视图

（c）梁柱节点俯视图　　　　　（d）梁柱节点剖面图

图 4-4　试件尺寸及构造详图

在钢框架的两端分别焊有 30 mm 厚的底板和顶板,在试件顶部用高强螺栓固定加载梁,在加载梁顶部用高强螺栓固定分配梁,且分配梁用钢管约束。试件底板通过 8 个锚栓及两侧限位梁与地面牢固连接,以消除两者变形对试验结果的影响。

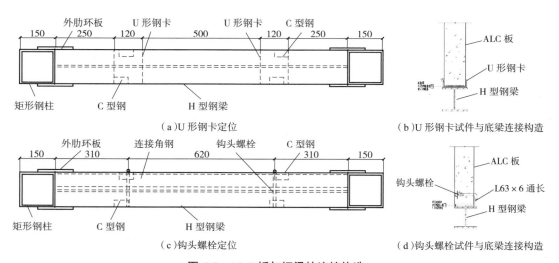

（a）U 形钢卡定位　　　　　　　（b）U 形钢卡试件与底梁连接构造

（c）钩头螺栓定位　　　　　　　（d）钩头螺栓试件与底梁连接构造

图 4-5　ALC 板与钢梁的连接构造

4.2.1.3　实验室条件及加载装置

本试验在天津大学结构实验室进行,使用实验室内 300 t 反力架,100 t 拉压千斤顶在结构顶部的加载梁上提供侧向水平荷载;钢框架底板与地面通过 8 个锚栓及两侧限位梁固定,保证底板不会出现滑移;分配梁通过高强螺栓与加载梁固定,同时用钢管对分配梁进行限位,防止平面外失稳,将 100 t 拉压千斤顶连接在加载梁上,通过位移控制对试件进行加载。本试验加载装置如图 4-6 所示。

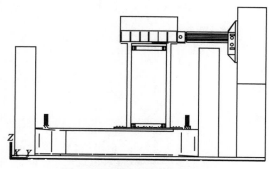

图 4-6　试验加载装置示意图

4.2.1.4　测量内容及测点布置

本试验主要测量试件随水平千斤顶运动方向的水平位移,以及钢柱钢梁和 ALC 板接缝处随试件顶部位移变化的裂缝发展情况。

本试验测点布置如下:试件的水平位移由放置在试件一侧的位移计测量(图 4-7),位移计 W1 布置在下部钢梁处,用于测量底部钢梁的水平位移;位移计 W2 布置在试件中间,用于测量试件中间位置的水平位移;位移计 W3 布置在试件顶部钢梁上翼缘处,用于测量整体试件高度的水平位移;试件共布置 16 个应变片、8 个应变花(图 4-8),用于测量钢梁钢柱关键位置的应力、应变;试件共布置 6 个裂缝计和 3 个光纤光栅位移传感器(图 4-9)。

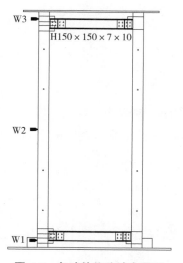

图 4-7　各试件位移计布置图

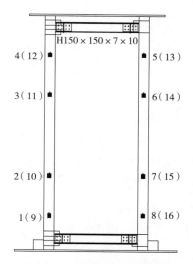

图 4-8　各试件应变片布置图

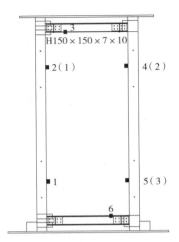

图 4-9   各试件裂缝计(1~6)和光纤光栅位移传感器((1)~(3))布置图

4.2.1.5   加载制度

由于本试验测量的是 ALC 板与钢梁钢柱间裂缝在不同位移角下的发展情况,故本试验采用直接正式加载方式,加载过程采用分级加载制度,如图 4-10 所示。

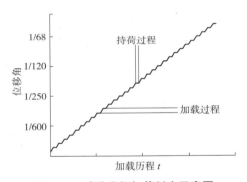

图 4-10   试验分级加载制度示意图

正式加载,即进行水平加载。在加载过程中,采用位移控制法。观测位移计 W3 位移从 0 分 30 级加载,位移角由位移计 W3 的读数/试件高度所得,每级加载持荷 5 min,然后再加载至下一级,直到位移加载到 1/50,停止试验。

4.2.1.6   测量仪器简介

BM-L 型裂缝计(图 4-11)的外壳为不锈钢材料,具有抗径向力、抗压、高精度和高灵敏度等特点,非常适用于需要长期测量的结构物,可测量 ALC 墙板与钢框架的位移缝或开合度(变形)。

BM-L 型裂缝计的主要技术指标如下。

(1)量程范围 D(mm): ± 10(根据用户可做变化)。

(2)分辨率 δ(mm):0.01~0.001。

图 4-11　BM-L 型裂缝计

（3）输出灵敏度范围 S（mV/V）：2.0~3.0（以出厂实际标定值为准）。

（4）准确度级别（级）：0.5（%FS）。

（5）自重 W（N）：10（不包含导线及固定螺栓组）。

（6）绝缘电阻 R（MΩ）：≥500。

（7）防水等级（IP）：65。

（8）引线长度 L（m）：1.0（可根据用户需要增减）。

（9）接线方式：红 Eg+，黄 Vi+，蓝 Eg-，黑 Vi。

光纤光栅位移传感器（图 4-12）可以测量不同结构间的相对位移，也可用于实时监测结构裂缝的变化发展，适用于各种水坝坝体位移、建筑墙体、边坡监测等。实际安装时将传感器和探头分别固定在移动物体和参考物体上。该传感器具有精度高、灵敏度高、寿命长等优点，同时可方便地与其他光纤光栅位移传感器进行串联和并联，组成全光监测网。

图 4-12　光纤光栅位移传感器

光纤光栅位移传感器主要技术指标如下。

（1）量程范围 D（mm）：0~50 mm。

（2）精度：0.1%FS。

（3）分辨率 δ（mm）：0.02。

（4）传感器尺寸（mm）：42×50×170。

（5）波长范围（nm）：1 510~1 590。

（6）温度工作范围（℃）：-30~120。

（7）连接方式：FC/APC 接头或熔接。

（8）安装方式：螺栓固定/支座上墙。

BM-L 型裂缝计在测量建筑墙板和结构裂缝中经常用到，且具有很高的精度和灵敏度，成熟度也较高,所以本试验采用 BM-L 型裂缝计作为一种裂缝测量仪器;光纤光栅位移传感器是一种精度和灵敏度更高的可以测量裂缝的设备,但目前无人在墙板裂缝测量试验中使用过该设备,所以本试验决定使用光纤光栅位移传感器对试件进行裂缝测量,后期将光纤光栅数据和裂缝计数据进行对比,验证光纤光栅数据的准确性和该试验的可使用性。

4.2.1.7　试件安装

　　根据试验前编制的施工组织安排,合理组织墙板进场并进行合格验收,同时需要保证 ALC 板的合理储存,堆放在防潮、防雨的棚内, ALC 板两端的 1/5 处用木材或加气砖垫起,且每堆高度不超过 2 m。试件安装顺序为 ALC 板安装→岩棉板和 ALC 板包梁→钢梁钢柱与 ALC 板接缝处的填缝处理→涂刷砂浆和网格布→外墙内侧粉刷腻子→外墙外侧粘锚岩棉板→粉刷乳胶漆,如图 4-13 所示。

（a）钢框架　　　　　　　（b）ALC 板钻孔　　　　　　（c）ALC 板安装

（d）ALC 板包钢梁　　　　　（e）填缝　　　　　　（f）涂刷玻纤网格布

（g）粉刷腻子　　　　　（h）安装岩棉板　　　　　（i）粉刷乳胶漆

图 4-13　试件安装过程

4.2.2 试验现象

试验过程可以看作由三个阶段组成:钢梁钢柱与 ALC 板接缝处无裂缝阶段;钢梁钢柱与 ALC 板接缝处产生裂缝并伴有轻微爆皮阶段;钢梁钢柱与 ALC 板接缝处裂缝明显且腻子大量脱落阶段。

本试验将 ALC 板装有裂缝计和光纤光栅位移传感器的一侧设为 A 面,另一侧设为 B 面,如图 4-14 所示。

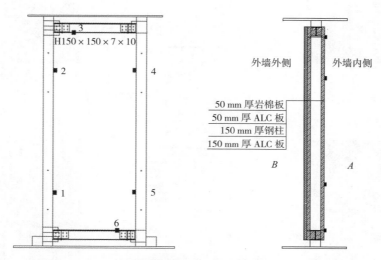

图 4-14 ALC 板放置的裂缝计(1~6)及试件 A、B 侧示意图

4.2.2.1 试件 Q1 的试验现象

对于试件 Q1,第一阶段位移角在 1/1 200~1/300 变化过程中,钢梁钢柱与填充墙接缝处无裂缝产生;第二阶段位移角在 1/300~1/120 变化过程中,当位移角达到 1/200 时, 2 号和 5 号裂缝计周围有大量轻微裂缝产生,当位移角达到 1/120 时,两块填充墙的拼接处出现一道贯通整块板的裂缝,并出现爆皮;第三阶段位移角在 1/120~1/50 变化过程中,当位移角达到 1/110 时,填充墙与下钢梁的接缝处出现一道 40 mm 长的斜裂缝,两块填充墙接缝处正上方的裂缝出现轻微爆皮,随着继续加载,当位移角达到 1/80 时,两块填充墙接缝处正上方的裂缝向两侧扩展,且左侧出现裂缝处腻子严重爆皮,并有大块腻子脱落, 5 号裂缝计周围裂缝出现局部轻微爆皮,当位移角达到 1/50 时, 5 号裂缝计周围裂缝处有明显腻子脱落,两块填充墙之间的裂缝出现大面积腻子脱落,顶梁和底梁横缝与钢柱两侧竖缝破坏已经非常严重,至此停止加载。试件 Q1 各阶段的裂缝详图如图 4-15 至图 4-18 所示。

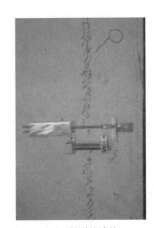

（a）2 号裂缝计处　　　　　　（b）裂缝分布　　　　　　（c）5 号裂缝计处

图 4-15　试件 Q1 在位移角 1/200 时裂缝详图

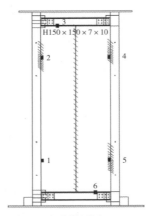

（a）填充墙贯通缝　　　　　　（b）裂缝分布　　　　　　（c）4 号裂缝计处

图 4-16　试件 Q1 在位移角 1/120 时裂缝详图

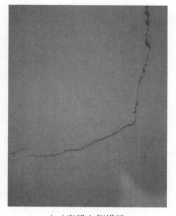

（a）底梁上侧横缝　　　　　　　　（b）裂缝分布　　　　　　　　（c）顶梁下侧横缝

图 4-17　试件 Q1 在位移角 1/110 时裂缝详图

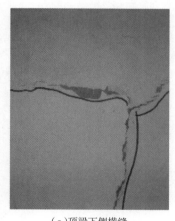

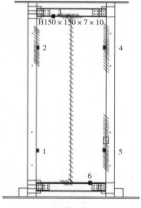

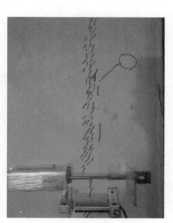

（a）顶梁下侧横缝　　　　　　　　（b）裂缝分布　　　　　　　　（c）5 号裂缝计处

图 4-18　试件 Q1 在位移角 1/80 时裂缝详图

4.2.2.2　试件 Q2 的试验现象

对于试件 Q2，由于腻子一次性粉刷过厚和人工施工质量问题，加载前 B 面岩棉板接缝处有 0.2 mm 左右长的裂缝，A 面右下角防火板包梁处有 3 条 1 cm 长的裂缝。第一阶段位移角在 1/1 200~1/250 变化过程中，除初始缺陷产生的干缩裂缝，无其他裂缝产生。第二阶段位移角在 1/250~1/110 变化过程中，当位移角达到 1/200 时，1 号、2 号和 4 号裂缝计周围出现大量轻微斜裂缝；当位移角达到 1/165 时，1 号、2 号和 4 号裂缝计周围斜裂缝持续增多；当位移角达到 1/110 时，1 号和 2 号裂缝计间出现小面积腻子脱落，ALC 板间出现裂缝。第三阶段位移角在 1/110~1/50 变化过程中，当位移角达到 1/68 时，1 号和 2 号裂缝计间腻子脱落更明显，4 号和 5 号裂缝计间也出现腻子脱落；当位移角达到 1/50 时，1 号、2 号、4 号和 5 号裂缝计周围均有大面积腻子脱落，ALC 板间裂缝扩大。试件 Q2 各阶段的裂缝分布如图 4-19 所示。

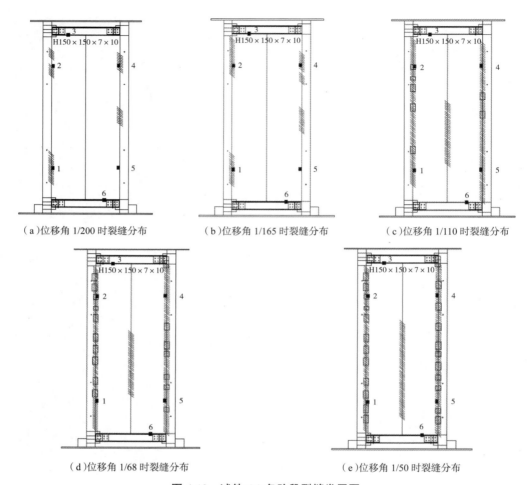

（a）位移角 1/200 时裂缝分布　　　　（b）位移角 1/165 时裂缝分布　　　　（c）位移角 1/110 时裂缝分布

（d）位移角 1/68 时裂缝分布　　　　　　　　　　（e）位移角 1/50 时裂缝分布

图 4-19　试件 Q2 各阶段裂缝发展图

4.2.2.3　试件 Q3 的试验现象

对于试件 Q3,第一阶段与试件 Q2 相同,无裂缝产生;第二阶段位移角在 1/250~1/120 变化过程中,当位移角达到 1/225 时, 1 号和 2 号裂缝计间以及 4 号和 5 号裂缝计间出现轻微斜裂缝,当位移角达到 1/150 时, ALC 板与钢柱间裂缝大量增多,当位移角达到 1/120 时, A 面左侧和右侧 ALC 板与钢柱间均出现贯通缝,且右侧裂缝有局部腻子脱落;第三阶段位移角在 1/120~1/50 变化过程中,当位移角达到 1/70 时, A 面左侧和右侧 ALC 板与钢柱间腻子脱落更加明显,且 ALC 板间出现局部裂缝,当位移角达到 1/50 时, A 面左侧和右侧 ALC 板与钢柱间腻子大面积脱落, ALC 板间局部裂缝扩大。试件 Q3 各阶段的裂缝分布如图 4-20 所示。

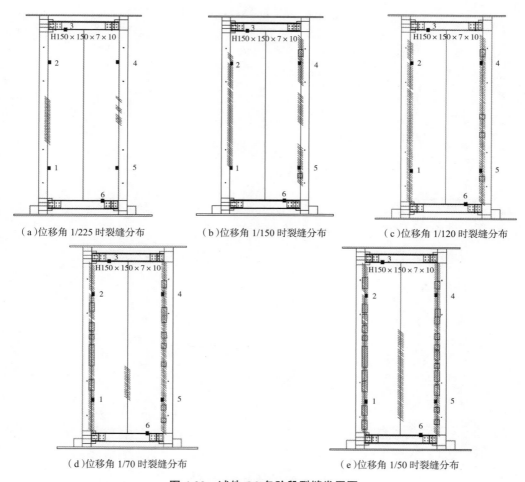

（a）位移角 1/225 时裂缝分布　　　（b）位移角 1/150 时裂缝分布　　　（c）位移角 1/120 时裂缝分布

（d）位移角 1/70 时裂缝分布　　　　　　　　　（e）位移角 1/50 时裂缝分布

图 4-20　试件 Q3 各阶段裂缝发展图

4.2.2.4　试件 Q4 的试验现象

对于试件 Q4，由于施工时腻子一次性粉刷过厚，A 面 1 号、4 号、5 号裂缝计周围和 B 面中间位置均出现少量腻子开裂现象。第一阶段位移角在 1/1 200~1/1 000 变化过程中，除初始缺陷产生的干缩裂缝，无其他裂缝产生。第二阶段位移角在 1/1 000~1/600 变化过程中，当位移角达到 1/800 时，A 面右上角和 B 面左侧出现轻微斜裂缝；当位移角达到 1/600 时，A 面 4 号裂缝计上方到顶梁的底部出现两条 10 cm 长贯通缝并伴有轻微爆皮现象，4 号和 5 号裂缝计间斜裂缝持续增多。第三阶段位移角在 1/600~1/50 变化过程中，当位移角达到 1/300 时，1 号、2 号和 6 号裂缝计周围出现裂缝，且 4 号和 5 号裂缝计周围裂缝继续增多；当位移角达到 1/200 时，A 面左侧和右侧 ALC 板与钢柱间均出现贯通缝且有腻子爆皮；当位移角达到 1/50 时，A 面 1 号和 2 号裂缝计间裂缝出现严重爆皮现象，B 面底梁处横缝宽度发展至 8 mm 左右。加载过程中，U 形钢卡出现向外突出且屈曲明显现象。试件 Q4 各阶段的裂缝分布如图 4-21 所示。

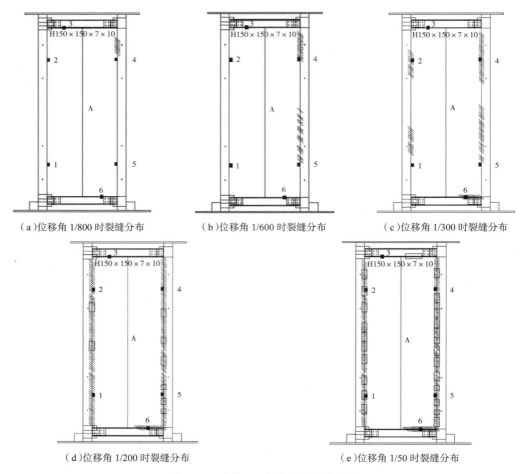

（a）位移角 1/800 时裂缝分布　　　（b）位移角 1/600 时裂缝分布　　　（c）位移角 1/300 时裂缝分布

（d）位移角 1/200 时裂缝分布　　　　　　（e）位移角 1/50 时裂缝分布

图 4-21　试件 Q4 各阶段裂缝发展图

4.2.3　试验现象总结

　　4 个试件的钢梁钢柱与 ALC 板的破坏形式非常接近,根据试验现象及加载过程进行分析,将破坏形式分成 3 个阶段:钢梁钢柱与 ALC 板接缝处无裂缝阶段;钢梁钢柱与 ALC 板接缝处产生裂缝并伴有轻微爆皮阶段;钢梁钢柱与 ALC 板接缝处裂缝明显且腻子大量脱落阶段。

　　从试验现象可以得到,第一阶段 3 个试件钢框架内嵌 ALC 板的钢梁钢柱与 ALC 板接缝处的抗裂性能都较好,试件 Q1 直到位移角为 1/300 时才产生轻微斜裂缝,试件 Q2 和试件 Q3 产生轻微斜裂缝的位移角为 1/250,按照钢结构层间位移角限值,在位移角 1/250 限值下,三层耐碱玻纤网格布和较宽的 ALC 板与钢柱接缝处填缝处理的构造措施都不会产生裂缝;第二阶段试件 Q1 产生轻微爆皮现象的最小位移角为 1/120,而试件 Q2 和试件 Q3 产生轻微爆皮现象的最小位移角分别为 1/110 和 1/120,可知耐碱玻纤网格布使 ALC 板与钢柱接缝处具有更好的抗裂性能;第三阶段试件 Q1 大面积腻子脱落时位移角为 1/80,试件 Q2 和试件 Q3 大面积腻子脱落时位移角为 1/68 和 1/70,位移角相差不大,但也能够说明耐碱纤维网格布对于抗裂性能较明显的作用。

从试件 Q4 试验现象的三个阶段可以看出,内墙试件 Q4 产生轻微斜裂缝的位移角为 1/800,产生轻微爆皮现象的最小位移角为 1/600,明显早于试件 Q1、试件 Q2 和试件 Q3 产生轻微斜裂缝的位移角 1/300 和 1/250,且明显早于试件 Q1、试件 Q2 和试件 Q3 产生轻微爆皮现象的位移角 1/120、1/110 和 1/120,说明 U 形钢卡的连接性能明显弱于钩头螺栓,故建议内墙的连接件使用钩头螺栓。

4.2.4 试验数据分析

4.2.4.1 裂缝计数据分析

4 个试件相同位置的裂缝计数据对比如图 4-22(a)至(f)所示,裂缝宽度为正代表裂缝计收缩,裂缝宽度为负代表裂缝计拉伸。可以看出,试件 Q1 的 1 号裂缝计处的裂缝宽度几乎没有变化,可能和裂缝计的安装误差导致裂缝计两端不在同一水平面而产生的卡顿有关;试件 Q1 的 3 号裂缝计处由于钢梁和 ALC 板填充不密实,在 ALC 板与钢框架同时偏移时,ALC 板压缩密封砂浆导致裂缝计产生压缩。

为分析连接件对接缝处的抗裂能力的影响,选取试件 Q1 和 Q4 的裂缝计数据进行对比,从 1 号裂缝计到 6 号裂缝计的裂缝对比图可以看出,试件 Q4 的裂缝发展速度和宽度均较大,且除 2 号裂缝计处试件 Q1 和 Q4 裂缝的发展趋势相同外,其他 5 个裂缝计处试件 Q1 和 Q4 的裂缝发展趋势相反。这是由钩头螺栓和 U 形钢卡的刚度相差很大导致的,使用钩头螺栓可以很好地将 ALC 板固定,随着钢框架发生侧移,ALC 板也会随钢框架朝着同一方向偏移,而使用 U 形钢卡连接的 ALC 板,由于 U 形钢卡刚度不足,在钢框架发生侧移时,ALC 板会与钢框架产生相对滑移,所以最终导致试件 Q1 和 Q4 的 5 个裂缝计处的裂缝发展趋势相反。因此,建议内墙的连接件使用钩头螺栓较好。

为分析耐碱玻纤网格布对接缝处的抗裂能力的影响,选取试件 Q1 和 Q2 的裂缝计数据进行对比,由于试件 Q1 和 Q2 的连接件相同, ALC 板与钢框架偏移方向相同,故 1 号到 6 号裂缝计处的裂缝发展趋势相同。试件 Q2 的 2 号、5 号、6 号裂缝计处的裂缝宽度均小于试件 Q1 的裂缝宽度,说明三层耐碱玻纤网格布有更好的抗裂性能。

为分析接缝宽度对接缝处的抗裂能力的影响,选取试件 Q1 和 Q3 的裂缝计数据进行对比,2 号、4 号、6 号裂缝计因全部使用钩头螺栓连接件,故裂缝的发展趋势相同,而 5 号裂缝计处的裂缝发展趋势相反可能和试件 Q3 的 5 号裂缝计处 PE 棒安装宽度不足有关,故安装 PE 棒时一定要确定其合适的宽度尺寸,否则更容易产生裂缝。从裂缝发展趋势相同的 2 号、4 号、6 号裂缝计处的裂缝数据可知,ALC 板与主体结构缝隙的宽度对裂缝的影响有限,同时也验证了 ALC 板相关规范中要保持 ALC 板与主体结构之间缝隙为 10~20 mm。

观察 4 个试件的试验现象和数据可以发现，2 号、4 号裂缝计处的裂缝发展较快，且宽度较大，因此在实际施工过程中，2 号，4 号裂缝计处应加强裂缝处理措施和施工质量。

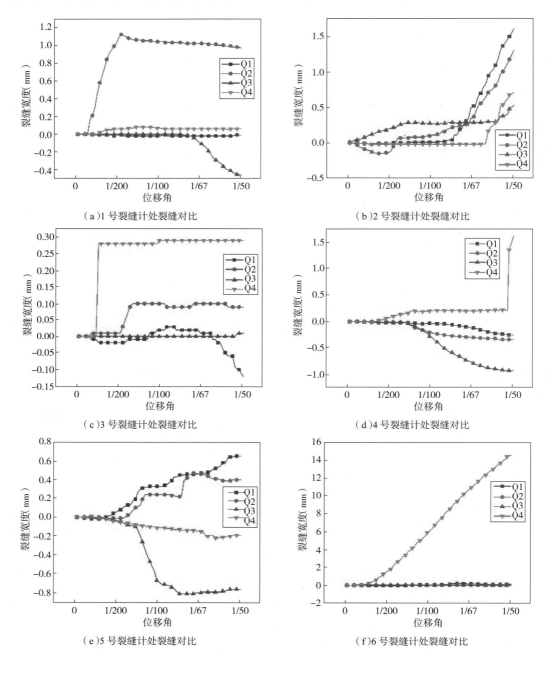

（a）1 号裂缝计处裂缝对比

（b）2 号裂缝计处裂缝对比

（c）3 号裂缝计处裂缝对比

（d）4 号裂缝计处裂缝对比

（e）5 号裂缝计处裂缝对比

（f）6 号裂缝计处裂缝对比

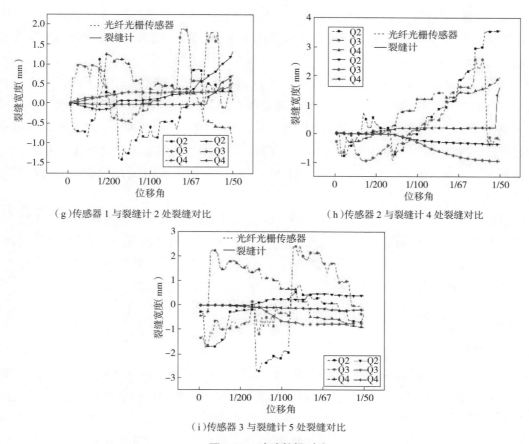

（g）传感器 1 与裂缝计 2 处裂缝对比　　　　　　（h）传感器 2 与裂缝计 4 处裂缝对比

（i）传感器 3 与裂缝计 5 处裂缝对比

图 4-22　试验数据对比

4.2.4.2　光纤光栅位移传感器与裂缝计数据对比

　　光纤光栅位移传感器分别布置在 2 号、4 号、5 号裂缝计处，由于墙板裂缝测量试验中还未使用过光纤光栅传感器，而常用裂缝计进行测量，故本节将相同位置处裂缝计和光纤光栅传感器数据进行对比，以此确定光纤光栅传感器基于本次试验的可行性和为今后测量墙板裂缝等试验仪器的选择给出可靠依据。图 4-22（g）至（i）所示为不同位置处 3 个试件测量数据的对比曲线。可以看出，光纤光栅位移传感器数据较裂缝计数据波动较大，虽然一些阶段和裂缝计数据相比有一定规律，但整体数据变化较大，不能正确地分析出各参数对 ALC板与钢框架接缝处裂缝的影响规律。这是由于光纤光栅传感器灵敏度较高，在试验中观察记录现象时会影响光纤光栅传感器数据采集的精确性，但是对于需要精密测量且人为干扰较少的情况，使用光纤光栅传感器是一个不错的选择。

4.3　ALC 板填充内墙框架抗裂性能数值分析

　　前文基于 4 组钢框架内嵌 ALC 板的建筑构造静力试验，研究了不同建筑构造形式下

ALC 板和钢框架接缝处裂缝在不同位移角下的破坏模式和承载能力,分析了裂缝的发展情况和抗裂能力等指标,并研究了连接件、耐碱玻纤网格布、ALC 板与钢框架接缝宽度等参数对裂缝抗震能力的影响。

试验结果表明,钩头螺栓的刚度远远大于 U 形钢卡,且钩头螺栓、耐碱玻纤网格布都对 ALC 板与钢梁钢柱接缝处的裂缝有很好的抑制作用,ALC 板与钢柱接缝宽度对裂缝的抑制不明显。为了验证连接件、耐碱玻纤网格布、ALC 板与钢柱接缝宽度等参数在不同位移角下对裂缝的影响,基于钢框架内嵌 ALC 板的静力试验,本节使用有限元分析软件 ABAQUS 建立钢框架内嵌 ALC 板的有限元模型,对 ALC 板与主体结构间接缝的抗裂能力进行更加深入的分析。

钢框架内嵌 ALC 板由钢材与 ALC 板两种材料组成,同时具有钢材和轻质墙板的特性,本节采用 ABAQUS 软件建立有限元模型;采用符合钢管和 ALC 板受力特点的材料本构模型,在合理的边界条件和加载条件下进行模拟,对 4 组试件进行有限元分析,得到不同位移角下 ALC 板与钢框架接缝处的裂缝发展情况,并与试验现象进行对比。

4.3.1   有限元模型的建立

4.3.1.1   模型建立

在 ABAQUS 有限元软件中采用三维实体单元建立钢框架内嵌 ALC 板模型,主要包括 ALC 板和钢材两种材料。ALC 板的基本力学参数由实际试验过程中的材性试验得到,见表 4-2。钢材采用的本构模型为等向弹塑性模型,模拟钢管采用 Q345 钢,应力-应变曲线按钢材的应力增长可分为弹性段、弹塑性段、塑性段、强化段和二次塑性流段等 5 个阶段。

表 4-2   ALC 板材料属性

项目	密度（kg/m³）	泊松比	弹性模量（MPa）	抗拉强度（MPa）	抗压强度（MPa）
数值	412	0.2	1 700	0.28	2.88

$$\sigma_s = \begin{cases} E_s, & \varepsilon_s \leqslant \varepsilon_e \\ -A\varepsilon_s^2 + B\varepsilon_s + C, & \varepsilon_e \leqslant \varepsilon_s \leqslant \varepsilon_{e1} \\ f_y, & \varepsilon_{e1} \leqslant \varepsilon_s \leqslant \varepsilon_{e2} \\ f_y\left(1 + 0.6\dfrac{\varepsilon_s + \varepsilon_{e2}}{\varepsilon_{e3} - \varepsilon_{e2}}\right), & \varepsilon_{e2} \leqslant \varepsilon_s \leqslant \varepsilon_{e3} \\ 1.6f_y, & \varepsilon_s \leqslant \varepsilon_{e3} \end{cases} \tag{4-1}$$

式中 E_s——钢材弹性模量;

f_y——钢材的屈服强度;

ε_{ei}——钢材对应于不同阶段的应变,且 $\varepsilon_e = 0.8\dfrac{f_y}{E_s}$,$\varepsilon_{e1} = 1.5\varepsilon_e$,$\varepsilon_{e2} = 10\varepsilon_{e1}$,$\varepsilon_{e3} = 100\varepsilon_{e1}$;

$$A = 0.2 \frac{f_y}{(\varepsilon_{e1} - \varepsilon)^2}, B = 2A\varepsilon_{e1}, C = 0.8f_y + A\varepsilon_e^2 - B\varepsilon_{e\circ}$$

4.3.1.2　相互作用、网格划分与边界条件

钢柱与钢梁之间的接触采用绑定约束，ALC 板与钢梁钢柱接缝之间法向采用硬接触，切向采用库伦摩擦模型，摩擦系数取 0.5；钢柱和 ALC 板与面外钢管之间法向采用硬接触，切向采用无摩擦模型。钢柱接缝和 ALC 板与钢梁接缝和 ALC 板表面的滑移采用有限滑移，钢梁与 ALC 板的缝隙处通过填充砂浆模拟。由于钢柱和钢梁的刚度较 ALC 板的刚度大得多，且钢柱与耦合的底板和顶板绑定在一起，所以采用钢梁和钢柱作为接触的主面，ALC 板作为接触的从面。

模型试件底板为固定端约束，并且耦合在一点，顶板上表面也耦合在一点，并施加水平位移。水平方向位移加载方式及加载过程与试验完全一致，边界条件和加载方式如图 4-23（a）所示，网格划分如图 4-23（b）所示。

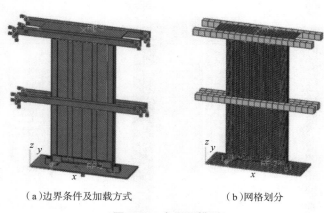

（a）边界条件及加载方式　　　　（b）网格划分

图 4-23　有限元模型

4.3.2　钢框架内嵌 ALC 板数值分析结果与试验结果的对比

4.3.2.1　工作机理研究

为了研究钢框架内嵌 ALC 板的各构件不同阶段的内力分布状态和变化发展情况，对 4 组试件在两个关键状态下不同的应力、应变状态进行分析。这两个关键状态分别对应钢框架与 ALC 板接缝处产生肉眼可见裂缝和位移角加载到 1/50 时两个状态。

本节以试件 Q1 为例，进行钢框架与 ALC 板接缝处产生肉眼可见裂缝和位移角加载到 1/50 时两个状态的有限元模拟。钢梁、钢柱以及 ALC 板的应力变化如图 4-24 所示。从这两个关键状态来看，模拟加载过程中结构工作机制与实际试验过程接近。钢框架与 ALC 板接缝处产生肉眼可见裂缝之前，钢梁钢柱以及 ALC 板应力较小，没有任何变形，在接近水平千斤顶处的钢梁局部应力较大，各构件均没有产生塑性应变。当位移角达到 1/50 时，钢柱

底部和顶部的部分应力增长明显,进入塑性阶段,但无结构破坏现象,在接近水平千斤顶处的钢梁与钢柱连接处局部应力更大,塑性应变积累严重,且钢梁局部出现屈曲现象,ALC 板的应力明显增大,但无破坏,与实际试验中钢框架整体和 ALC 板均无破坏现象一致。

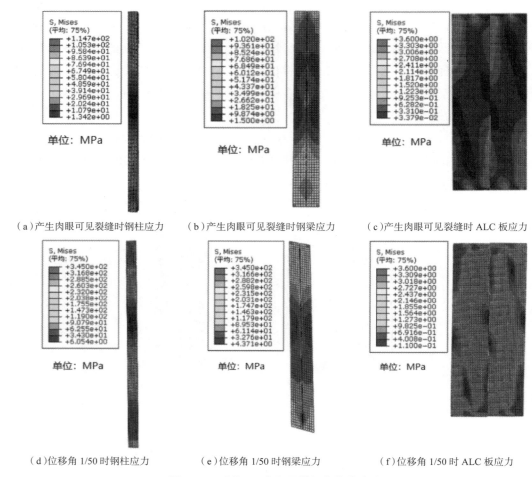

（a）产生肉眼可见裂缝时钢柱应力   （b）产生肉眼可见裂缝时钢梁应力   （c）产生肉眼可见裂缝时 ALC 板应力

（d）位移角 1/50 时钢柱应力   （e）位移角 1/50 时钢梁应力   （f）位移角 1/50 时 ALC 板应力

图 4-24   试件 Q1 有限元模拟各构件应力

4.3.2.2   裂缝发展对比

由于 ALC 板与钢柱钢梁处裂缝在不同位移角下发展不规则,按裂缝扩展方式进行模拟相当复杂,且不能收敛,故本次模拟分析试验过程的第二阶段和第三阶段的裂缝产生定义分别为面-面接触的黏结行为失效和肉眼可观察的 ALC 板与钢柱钢梁处产生裂缝。

以试件 Q1 和 Q2 为例,进行钢框架与 ALC 板接缝处裂缝在第二阶段和第三阶段分布的有限元模拟,模拟结果和实际试验裂缝分布基本吻合。模拟过程中的第二阶段和第三阶段的裂缝产生定义分别为面-面接触的黏结行为失效和肉眼可观察的 ALC 板与钢柱钢梁处产生裂缝。图 4-25 所示为 2 个试件的模拟结果,其中白线段为裂缝。图 4-26 所示为模拟得到的 4 个试件 3 阶段对应的位移角与实际试验的对比,除试件 Q4 模拟时未考虑 U 形钢卡对 ALC 板的影响导致位移角偏大外,其余试件的模拟结果与试验误差均在 16%以内,证明该有限元模型能够有效模拟 ALC 板与钢框架接缝处的变形能力。

（a）Q1 第二阶段裂缝分布　　（b）Q1 第三阶段裂缝分布　　（c）Q2 第二阶段裂缝分布　　（d）Q2 第三阶段裂缝分布

图 4-25　试件 Q1 和 Q2 有限元模拟裂缝分布

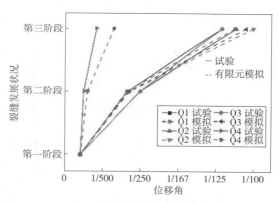

图 4-26　试验与有限元模拟位移角对比

4.3.3　钢框架内嵌 ALC 板间裂缝参数化分析

对于钢框架内嵌 ALC 板接缝处来说,其抗震能力可能受到耐碱玻纤网格布层数、连接件、ALC 板与钢框架间接缝宽度、钢管厚度等多种因素的影响。运用传统方法研究这些因素对结构的具体影响,需要进行多组试验,但是试验的工作量大,需要时间长,强度和资金投入也很大,得不偿失。因此,本节在验证有限元分析与实际试验结果吻合良好后,在模型的基础上对结构进行参数分析,即分析耐碱玻纤网格布、ALC 板与钢框架间接缝宽度和钢板厚度对钢框架内嵌 ALC 板接缝处抗震性能的影响。

4.3.3.1　耐碱玻纤网格布的影响

为了研究耐碱玻纤网格布对钢框架内嵌 ALC 板接缝处抗震性能的影响,在不改变其他因素的前提下,只改变耐碱玻纤网格布层数,选取耐碱玻纤网格布层数为 1、2、3、4 时的试件 Q1 在第一阶段、第二阶段和第三阶段的位移角进行对比。表 4-3 列出了耐碱玻纤网格布层数以及第一阶段、第二阶段和第三阶段的位移角,图 4-27 所示为 4 组构件不同阶段位移角对应图。

表 4-3　耐碱玻纤网格布对裂缝的影响

构件编号	耐碱玻纤网格布层数(层)	第一阶段位移角	第二阶段位移角	第三阶段位移角
SL1	1	1/1 200	1/350	1/150
试件 Q1	2	1/1 200	1/300	1/110
试件 Q2	3	1/1 200	1/250	1/120
SL2	4	1/1 200	1/250	1/110

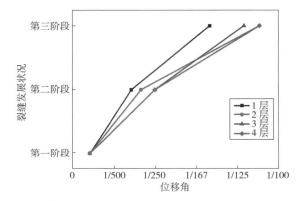

图 4-27　构件不同阶段位移角对应图(耐碱玻纤网格布层数不同)

由此可知,在其他因素相同的情况下,钢框架内嵌 ALC 板接缝处在第二阶段的抗震性能随着耐碱玻纤网格布层数的增多而提高;钢框架内嵌 ALC 板接缝处在第三阶段的抗震性能随着耐碱玻纤网格布层数的增多而提高,一层和两层耐碱玻纤网格布对应的抗震性能增长更加明显,随着耐碱玻纤网格布层数的增加,抗震性能增长减弱,可能和耐碱玻纤网格布的强度远小于 ALC 板与钢框架间的拉应力有关。

4.3.3.2　钢管厚度的影响

为了研究钢管厚度对钢框架内嵌 ALC 板接缝处抗震性能的影响,在不改变其他因素的前提下,只改变钢管厚度,选取钢管厚度为 10 mm、12 mm、14 mm、16 mm 时的试件 Q1 在第一阶段、第二阶段和第三阶段的位移角进行对比。表 4-4 列出了钢管厚度以及第一阶段、第二阶段和第三阶段的位移角(即裂缝)。

表 4-4　钢管厚度对裂缝的影响

构件编号	钢管厚度(mm)	第一阶段位移角	第二阶段位移角	第三阶段位移角
SL3	10	1/1 200	1/300	1/120
SL4	12	1/1 200	1/280	1/110

构件编号	钢管厚度（mm）	第一阶段位移角	第二阶段位移角	第三阶段位移角
试件 Q1	14	1/1 200	1/300	1/110
SL5	16	1/1 200	1/250	1/110

由表 4-4 可知,在其他因素相同的情况下,钢框架内嵌 ALC 板接缝处在第二阶段和第三阶段的抗震性能和钢管厚度变化影响不大。

4.3.3.3 ALC 板与钢框架间接缝宽度的影响

为了研究 ALC 板与钢框架间接缝宽度对钢框架内嵌 ALC 板接缝处抗震性能的影响,在不改变其他因素的前提下,只改变 ALC 板与钢框架间接缝宽度,选取 ALC 板与钢框架间接缝宽度为 10 mm、15 mm、20 mm、25 mm 时的试件 Q1 在第一阶段、第二阶段和第三阶段的位移角进行对比。表 4-5 列出了 ALC 板与钢框架间接缝宽度以及第一阶段、第二阶段和第三阶段的位移角,图 4-28 所示为 4 组构件不同阶段位移角对应图。

表 4-5 ALC 板与钢框架间接缝宽度对裂缝的影响

构件编号	ALC 板与钢框架间接缝宽度（mm）	第一阶段位移角	第二阶段位移角	第三阶段位移角
试件 Q1	10	1/1 200	1/300	1/120
SL6	15	1/1 200	1/280	1/110
试件 Q3	20	1/1 200	1/250	1/120
SL7	25	1/1 200	1/250	1/110

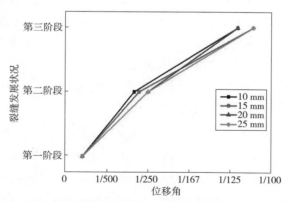

图 4-28 构件不同阶段位移角对应图（ALC 板与钢框架间接缝宽度不同）

由此可知,在其他因素相同的情况下,钢框架内嵌 ALC 板接缝处在第二阶段的抗震性能随着 ALC 板与钢框架间接缝宽度的增大而提高,但过宽的接缝处理可能会由于接缝材料不稳固而过快产生裂缝,故 ALC 板与钢框架间接缝宽度宜保持在 10~20 mm;钢框架内嵌 ALC 板接缝处在第三阶段的抗震性能随着 ALC 板与钢框架间接缝宽度的增大改变不明显。

4.3.4　有限元参数分析总结

综上所述可知，ABAQUS 有限元分析软件建立的模型能够较好地反映钢框架填充 ALC 板的承载能力和 ALC 板与钢框架接缝处的变形能力，钢框架内嵌 ALC 板接缝处抗震性能和耐碱玻纤网格布、连接件、ALC 板与钢框架间接缝宽度有关，与钢管厚度无关。

（1）钢框架内嵌 ALC 板裂缝在第一阶段、第二阶段和第三阶段的数值模拟结果与试验结果总体来说吻合良好，除试件 Q4 数值模拟位移角偏大外，其余各试件钢框架内嵌 ALC 板裂缝处对应位移角误差都在 16% 以内，属于较理想的模拟结果。

（2）耐碱玻纤网格布在第二阶段对钢框架内嵌 ALC 板接缝处的抗震性能影响较大，但是过多的耐碱玻纤网格布施工会更烦琐，投入成本更高。

（3）ALC 板与钢框架间接缝宽度宜保持在 10~20 mm。

4.4　ALC 板围护体系（外墙、内墙）施工技术

基于本章前文对 ALC 板与钢框架接缝处裂缝进行的试验分析和数值模拟，研究了钢框架内嵌 ALC 板不同建筑构造下 ALC 板与钢框架接缝处的抗裂性能和工作机理，得到以下结论和施工建议。

（1）3 个钢框架填充 ALC 板外墙的钢梁钢柱与 ALC 板接缝处都具有较好的抗裂性能，试件 Q1 直到位移角为 1/300 时才产生轻微斜裂缝，同时试件 Q2 和试件 Q3 产生轻微斜裂缝的位移角为 1/250，按照钢结构位移角限值，在弹性位移角 1/250 限值下，三层玻纤网格布和较宽的 ALC 板与钢柱接缝处的填缝处理的构造措施都不会产生裂缝。

（2）使用钩头螺栓的连接方式和使用 U 形钢卡的连接方式对于钢结构发生偏移时，ALC 板的移动是相反的，原因就是钩头螺栓是使用螺杆将 ALC 板固定在钢梁和混凝土板上（或钢梁上），相当于刚性连接或者半刚性连接，而 U 形钢卡只是两侧卡住 ALC 板，相当于柔性连接。可以看出，U 形钢卡与 ALC 板的连接性能明显弱于钩头螺栓与 ALC 板的连接性能，故建议内墙的连接件使用钩头螺栓。

（3）耐碱玻纤网格布对于钢框架与 ALC 板接缝处有较好的防裂性能，而 ALC 板与钢框架接缝宽度对裂缝几乎没有影响，使用钩头螺栓连接件+三层耐碱玻纤网格布+（钢柱接缝）专用密封胶+专用底涂一道+PE 棒+发泡剂（10~20 mm）+（钢梁接缝）专用密封胶+专用底涂一道+1：3 水泥砂浆的建筑构造处理措施，可以有效防止 ALC 板与主体结构接缝处产生裂缝。

4.5　本章小结

本章对 4 组不同建筑构造形式的钢框架内嵌 ALC 板模型进行了静力试验，并建立了有

限元模型进行对比分析,得到的主要结论如下。

（1）3个钢框架内嵌 ALC 板的钢梁钢柱与 ALC 板接缝处都具有较好的抗裂性能,试件 Q1、Q2 和 Q3 产生轻微斜裂缝的位移角分别为 1/300、1/250 和 1/250。按照钢结构层间位移角限值,在位移角 1/250 限值下,使用三层耐碱玻纤网格布和较宽的 ALC 板与钢柱接缝处的填缝处理的构造措施都不会产生裂缝。试件 Q4 产生轻微斜裂缝的位移角为 1/800,明显早于其他 3 个试件,故在实际工程中不建议采用 U 形钢卡连接。

（2）通过 4 个试件的三阶段位移角对比,耐碱玻纤网格布对于钢框架与 ALC 板接缝处的抗裂性能有显著提高;而 ALC 板与钢框架接缝宽度对裂缝影响较小;使用 U 形钢卡只是两侧卡住 ALC 板,相当于柔性连接,会使接缝处抗裂性能显著降低。

（3）通过有限元建模能较为准确地模拟出试验的加载过程,第二阶段和第三阶段得到的位移角以及裂缝的分布情况均与试验吻合良好,证明有限元软件模拟的准确性。

（4）通过对不同层数的耐碱玻纤网格布和不同宽度的 ALC 板与钢柱接缝进行模拟分析,并结合实际试验结果,提出使用钩头螺栓连接件+三层耐碱玻纤网格布+（钢柱接缝）专用密封胶+专用底涂一道+PE 棒+发泡剂（10~20 mm）+（钢梁接缝）专用密封胶+专用底涂一道+1∶3 水泥砂浆的建筑构造处理措施,可以有效防止 ALC 板与主体结构接缝处产生裂缝。

草砖板填充墙构造与抗裂性能研究

5.1 草砖围护体系构造与研究背景

5.1.1 研究背景与意义

随着我国乡村振兴战略的不断推进,我国广大农村城镇地区迎来了新的历史发展机遇。当前,我国农村住宅常见的结构体系形式主要包括生土结构、石结构、木结构、砖结构、砖木结构、砖混结构等(图5-1),建筑形式与当地的气候环境和经济发展水平紧密相关;而村镇住宅常用的建筑材料主要有生土、水泥、木、石和砖砌块等,其中绝大多数村镇住宅是按照手搬肩扛、搭架抹灰的传统施工工艺建造的,存在建设成本高、施工进度慢、资源浪费严重等问题。这些落后的村镇住宅,不仅居住舒适性不能满足当下越来越高的保温节能要求,而且其安全性也有很大隐患,抗震等级严重不足,墙体在外力作用下容易开裂,无法满足村民日益增长的美好生活需求。

为了改变我国广大农村地区落后的建筑面貌,也为了提高村镇居民的生活水平,我国大量专家学者开始研究适用于农村地区的村镇住宅体系。目前,装配式钢结构村镇住宅的主体结构设计已经日趋成熟,但是对轻钢装配式村镇住宅外墙围护体系的研究分析还比较缺乏。现存传统村镇住宅围护体系主要存在以下几方面的问题。

(1)保温性能差。目前,我国村镇住宅围护体系大多采用红砖墙、夯土墙,这类墙体厚度大、自重大,并且墙体材料的导热系数大、保温性能差。

(2)抗裂性能差。现有村镇住宅的围护体系在规范要求的地震荷载、风荷载甚至四季温差作用下很容易开裂、脱落甚至坍塌,围护体系脆性较大、韧性不足,墙面容易产生裂缝(图5-2),裂缝周围易受潮发霉,使住宅保温性能降低。

(3)建设成本高。我国村镇现有的以搭脚手架、砖砌、混凝土搅拌为代表的传统施工方法(图5-3)建造周期长、劳动强度大、人工成本高,也不符合装配化政策要求。

（a）生土结构

（b）石结构

（c）木结构

（d）砖结构

（e）砖木结构

（f）砖混结构

图 5-1　传统村镇住宅结构形式

图 5-2　墙面裂缝

图 5-3　传统施工方法

（4）污染环境。传统村镇住宅使用了大量红砖、水泥、夯土等材料，这些材料在生产和施工的过程中都会产生环境污染和资源破坏，不符合当下绿色生态化的建筑理念。

　　为了解决以上问题，在国家重点研发计划的基础上，一系列适用于村镇住宅的创新结构和围护体系被提出，其中就包括装配式轻钢异形柱框架结构及其相关配套围护体系。该结构体系具有强度高、自重轻、工厂预制、运输方便、安装快捷、节省室内空间等诸多优点，设计和施工技术也较为成熟，得到了业内广泛关注。但是，与其配套的围护体系存在材料种类繁多、构造做法不一等问题，设计过程中需要考虑经济、环保、保温、抗裂、耐火、耐候、装饰等方面的影响，对于其构造设计、安装节点、施工流程的具体细节仍缺乏相关技术规程指导，而且有关理论和试验研究也明显不足。因此，研究一套适用于装配式轻钢异形柱框架结构村镇住宅的围护体系,明确其构造做法,探究其抗裂性能,对于未来在我国广大农村地区推广此类住宅形式具有重大意义,同时也给日后更深入的研究做好铺垫。

5.1.2 国内外研究现状

(1)现阶段国内外研究者对于住宅围护体系材料的研究多集中在某一种材料的力学性能或者热力学性能领域,缺少对多种多层材料复合构成的真实墙体进行防火、防潮、保温、抗裂、造价的综合性研究。

(2)目前对于住宅围护体系构造的研究多集中在墙板与普通框架的连接节点形式、框架墙体的抗侧性能等领域,尚没有针对异形柱框架结构和热压型草砖砌块、ALC 墙板的连接构造研究。

(3)当前对于住宅围护体系裂缝的研究多集中在常规框架和填充墙体之间的裂缝或者墙板本身的裂缝等部分,缺少对有多层内装饰板和外保温层的真实墙体破坏开裂的研究,尚没有针对异形柱框架结构和热压型草砖砌块、ALC 墙板围护体系的抗裂性能试验。

(4)目前大多数研究者对于框架-填充墙围护体系的研究成果多为力学试验加数值模拟,从而得出相关建议和结论,缺少针对某一围护体系的刚度或强度公式推导,缺少运用 BIM 等智能化技术手段来指导实际施工。

5.1.3 本章主要内容概括

本章提出适用于装配式轻钢异形柱框架村镇住宅的围护体系构造,主要内容如下。

(1)围护体系构造设计。通过文献查阅、市场调研和工程调研,分析现阶段村镇住宅围护体系的发展和应用现状。根据相关规范规定,提出围护体系的构造和建筑设计要求,并综合考察各种墙体材料的密度、强度、抗裂、热工、耐火、造价等要素,比选出适合在农村推广的墙体材料。针对选定的材料开展连接构造研究,在现有连接构造基础上进行改进,提出适用于装配式轻钢异形柱框架村镇住宅的围护体系构造做法。

(2)围护体系抗裂性能试验研究。根据得出的构造做法和实验室场地条件设计 2 组足尺墙体试件,然后对试件进行现场安装和材性试验,并对其进行分级水平单向正式加载,观察试验现象,得到结构达到不同位移角时各接缝处的裂缝破坏特征,分析各试件的破坏机理。同时,改变草砖试件左右两侧草砖砌块与钢框架的连接方式以及石膏板室内转角的处理方式,得到不同连接方式和处理方式对接缝位置抗裂性能的影响规律。

(3)试验数据分析与墙体等效刚度公式推导。将通过位移计、裂缝计、压力传感器等测得的荷载、位移、裂缝宽度等数据绘制成图表,研究两种围护体系在水平荷载作用下的工作机理、破坏形式,对比考察不同主材、不同连接构造的外墙围护体系在相同受力情况下的开裂、位移、刚度等特性,从而得到经济合理、安全可靠、性能优良的轻钢异形柱框架村镇住宅围护体系。结合试验数据,推导出相应的新型村镇住宅围护体系刚度公式,根据公式和结论提出防止装配式轻钢异形柱框架村镇住宅围护体系开裂的改进方案。

5.2　草砖围护与 ALC 围护抗裂性能对比试验研究

5.2.1　草砖维护体系构造设计

草砖维护体系构造设计参见本书第 1.2.2 节内容。

5.2.2　试验概况

5.2.2.1　试验目的

本试验共设计 2 组不同参数的足尺真实墙体试件,对轻钢异形柱框架村镇住宅外墙围护体系在地震荷载、风荷载等外力作用下的抗裂性能进行研究,为此类村镇住宅在我国广大农村地区的推广应用提供一定的理论基础。具体试验目的如下。

（1）观察两组分别内嵌草砖和内嵌 ALC 墙板的钢框架试件在水平荷载作用下,结构达到不同位移角时各接缝处的裂缝破坏特征,分析各试件的破坏机理。其中,草砖试件裂缝包括内墙石膏板拼缝、外墙保温板拼缝、内部草砖墙体自身的裂缝、草砖墙体与钢框架之间的裂缝;ALC 墙板试件裂缝包括内墙 ALC 板拼缝、ALC 板与钢框架之间的裂缝、外墙保温板拼缝等。

（2）分析草砖试件和 ALC 墙板试件各接缝处的抗裂性能,重点观测从相关规范要求的1/250 位移角直至墙体彻底破坏的裂缝发展情况,得到两种外墙围护体系裂缝计处裂缝宽度随位移角的变化规律,得到其在水平荷载作用下的破坏发展规律。

（3）分别在草砖试件左右两侧改变草砖砌块与钢框架的连接方式以及石膏板室内转角的处理方式,得到不同连接方式和处理方式对接缝位置抗裂性能的影响规律。

（4）通过位移计、裂缝计、压力传感器等仪器测得草砖试件以及 ALC 墙板试件在试验中的荷载、位移、裂缝宽度等精确数据,根据测量结果绘制图表,推导出相应的刚强度公式和结论。

（5）研究两种围护体系在水平荷载作用下的工作机理、破坏形式,对比考察不同主材、不同连接构造的外墙围护体系在相同受力情况下的变形,从而得到经济合理、安全可靠、性能优良的轻钢异形柱框架村镇住宅围护体系。

5.2.2.2　试验设计

考虑到墙板构造试验的效果,为符合实际情况和便于观测墙体裂缝,本试验采用足尺试件。本试验共设计两组试件即两榀钢框架分别内嵌草砖砌块和内嵌 ALC 板,且带有完整外墙围护体系的填充墙,分别标记为 Q1、Q2。试件主体结构采用 L 形方钢管组合异形柱作为边缘构件,上部 H 型钢梁通过螺栓与异形柱连接,各试件的钢结构尺寸一致,但围护体系连接方式和建筑构造不同。

（1）试件 Q1 墙体由草砖砌块和免钉胶砌筑而成，草砖内外侧覆盖直径 2 mm、间距 18 cm 的钢网固定，然后外侧覆盖 50 mm 厚挤塑聚苯（XPS）板并挂网抹灰，内侧钉挂 9.5 mm 厚纸面石膏板，草砖和钢框架之间使用免钉胶和结构胶连接，钢框架与草砖接缝宽度为 1 mm。

（2）试件 Q2 墙体由 2 块 ALC 板拼接而成，外侧覆盖 50 mm 厚挤塑聚苯板并挂网抹灰，内侧直接挂网抹灰，ALC 板和钢框架之间使用 M12 钩头螺栓连接，钢框架与 ALC 板接缝宽度为 10 mm。

由于本试验目的在于研究不同位移角下围护体系的裂缝，故没有设置轴压，只有水平位移。试件 Q1 和 Q2 的立面图、侧面图、梁柱节点图、剖面图和试件构造详图如图 5-4 所示。

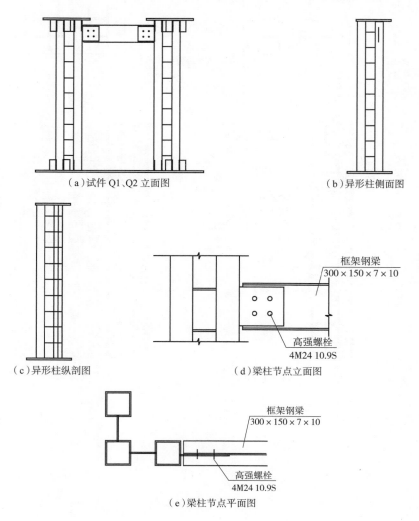

（a）试件 Q1、Q2 立面图

（b）异形柱侧面图

（c）异形柱纵剖图

（d）梁柱节点立面图

框架钢梁
300 × 150 × 7 × 10

高强螺栓
4M24 10.9S

框架钢梁
300 × 150 × 7 × 10

高强螺栓
4M24 10.9S

（e）梁柱节点平面图

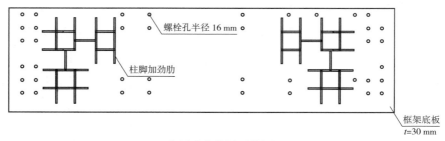

（f）钢框架横剖图（俯视）

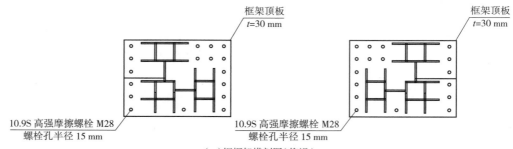

（g）钢框架横剖图（仰视）

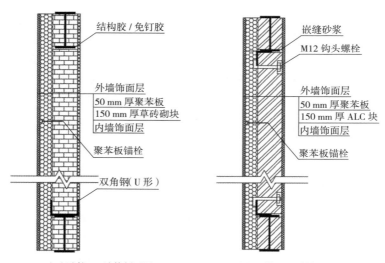

（h）试件 Q1 墙体剖面图　　　（i）试件 Q2 墙体剖面图

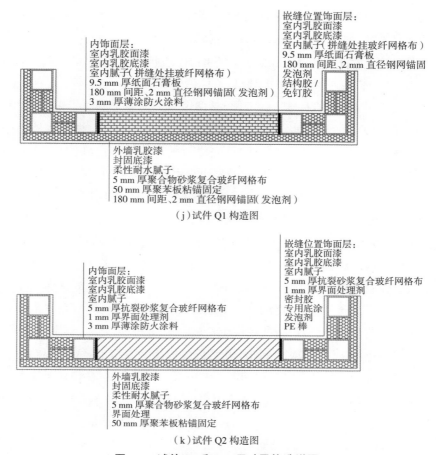

内饰面层：
室内乳胶面漆
室内乳胶底漆
室内腻子（拼缝处挂玻纤网格布）
9.5 mm 厚纸面石膏板
180 mm 间距、2 mm 直径钢网锚固（发泡剂）
3 mm 厚薄涂防火涂料

嵌缝位置饰面层：
室内乳胶面漆
室内乳胶底漆
室内腻子（拼缝处挂玻纤网格布）
9.5 mm 厚纸面石膏板
180 mm 间距、2 mm 直径钢网锚固
发泡剂
结构胶 /
免钉胶

外墙乳胶漆
封固底漆
柔性耐水腻子
5 mm 厚聚合物砂浆复合玻纤网格布
50 mm 厚聚苯板粘锚固定
180 mm 间距、2 mm 直径钢网锚固（发泡剂）

（j）试件 Q1 构造图

内饰面层：
室内乳胶面漆
室内乳胶底漆
室内腻子
5 mm 厚抗裂砂浆复合玻纤网格布
1 mm 厚界面处理剂
3 mm 厚薄涂防火涂料

嵌缝位置饰面层：
室内乳胶面漆
室内乳胶底漆
室内腻子
5 mm 厚抗裂砂浆复合玻纤网格布
1 mm 厚界面处理剂
密封胶
专用底涂
发泡剂
PE 棒

外墙乳胶漆
封固底漆
柔性耐水腻子
5 mm 厚聚合物砂浆复合玻纤网格布
界面处理
50 mm 厚聚苯板粘锚固定

（k）试件 Q2 构造图

图 5-4　试件 Q1 和 Q2 尺寸及构造详图

　　综合考虑工程实际、实验室场地、试验机的规格及大小、草砖砌块和 ALC 板规格及尺寸，试验试件设计为单跨单层框架，具体结构示意如图 5-4 所示。单层墙体高度为 2 770 mm、宽度为 2 240 mm，结构厚度为 150 mm，墙体总厚度为 250 mm，钢管壁厚为 8 mm，钢梁宽度为 150 mm。

　　各试件具体材料参数见表 5-1 和表 5-2。

表 5-1　试件主体结构尺寸（mm）

构件名称	方钢管	H 型钢梁	异形柱连接板	柱壁螺栓板
尺寸	150 × 150 × 8	300 × 150 × 7 × 10	2 710 × 150 × 8	290 × 260 × 9

表 5-2　板材几何尺寸（mm）

材料	ALC 板	草砖砌块	挤塑聚苯板	纸面石膏板
尺寸	600 × 2 300 × 150	400 × 1 200 × 150	600 × 1 200 × 50	1 200 × 2 400 × 9.5

根据《建筑设计防火规范（2018年版）》的规定，由于村镇住宅为民用住宅，最高2层，耐火等级可以取4级，非承重外墙选用难燃材料即可。本试验试件中外墙主体材料分别选用B1级草砖砌块和A级ALC板，保温材料选用B1级挤塑聚苯板，装饰材料选用B1级纸面石膏板，钢结构整体外刷薄涂型防火涂料，具体做法如下。

试件Q1在铰接钢框架的基础上，底部焊接两道角钢形成U形槽，槽底部空隙用少量砂浆填平，在槽上使用免钉胶代替水泥砂浆砌筑草砖砌块，草砖砌块与两侧钢柱壁分别使用免钉胶和结构胶紧密黏结，做对比试验。砌筑完成后的草砖墙体内外侧挂18 cm×18 cm间隙、2 mm直径的钢网，使用金属卡件和螺钉将钢网固定在草砖墙体上，同时用金属卡件将钢网与钢框架相连，加固墙体。在室外侧，使用发泡剂和保温板专用锚栓钉将挤塑聚苯板黏结加锚接在墙体外表面，挤塑聚苯板外表面批聚合物防水砂浆和一层耐碱玻纤网格布，刮外墙柔性防水腻子，涂外墙底漆和乳胶漆。在室内侧，使用石膏板自攻螺钉按照15 cm×25 cm间隙钉挂石膏板，石膏板与草砖砌块间隙填充发泡剂，在室内转角处使用免钉胶将石膏板粘在异形柱壁上，石膏板拼缝处使用嵌缝石膏嵌缝并挂一层玻纤网格布，整体刮内墙腻子，涂内墙乳胶底漆和面漆。此外，为了增加试验变量，石膏板在左右两侧室内转角处采取不同的构造形式做对比，分别为长板压短板和短板压长板。

试件Q2在铰接钢框架的基础上，顶部和底部各焊接一道角钢，角钢边缘朝外，ALC板通过M12钩头螺栓和角钢相连，内嵌在钢框架的中央，ALC板左右和异形柱之间空隙填充PE棒并打发泡剂，ALC板上下面缝隙以及相邻ALC板之间缝隙使用厂家提供的ALC板专用嵌缝剂填缝，缝隙宽度均为10 mm。在室外侧，使用发泡剂和保温板专用锚栓钉将挤塑聚苯板黏结加锚接在墙体外表面，挤塑聚苯板外表面批聚合物防水砂浆和一层耐碱玻纤网格布，刮外墙柔性防水腻子，涂外墙底漆和乳胶漆。在室内侧，墙面整体使用抗裂砂浆找平并挂一层耐碱玻纤网格布，ALC板各拼缝处额外挂一层玻纤网格布，整体刮内墙腻子，涂内墙乳胶底漆和面漆。

所有试件钢框架与30 mm厚的底板和30 mm厚的顶板焊接相连，在顶板上方用M28高强螺栓固定加载梁，试件底板通过40个高强螺栓与钢承台牢固连接，两侧布置限位梁以防止墙体的平面外位移。

5.2.2.3 试件安装

试件Q1安装顺序如图5-5所示，试件Q2安装顺序如图5-6所示。

（a）异形柱钢框架组装

（b）草砖砌块砌筑

（c）挤塑聚苯板包梁柱并安装钢网

（d）内墙钉挂石膏板

（e）外墙粘锚挤塑聚苯板

（f）涂刷砂浆和玻纤网格布

（g）粉刷腻子

（h）粉刷乳胶漆

图 5-5　试件 Q1 安装顺序图

（a）异形柱钢框架组装

（b）ALC 板切割和钻孔

（c）ALC 板安装

（d）挤塑聚苯板包梁柱

（e）外墙粘锚挤塑聚苯板

（f）涂刷砂浆和玻纤网格布

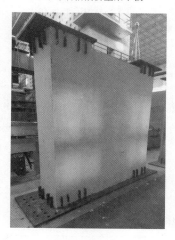

（g）粉刷腻子

（h）粉刷乳胶漆

图 5-6　试件 Q2 安装顺序图

5.2.2.4　材料性能

1）钢材性能

本试验方钢管组合异形柱、钢梁所采用的钢材均为 Q235 钢，为了明确其力学性能，按照《金属材料 拉伸试验 第 1 部分：室温试验方法》（GB/T 228.1—2021）中的有关规定设计材性试验。依据材料提取位置的不同，设计 2 组共 8 个材性试件，具体尺寸见表 5-3。严格按照标准步骤进行试验操作，得到样本的屈服强度、极限强度等性能指标，见表 5-4。

表 5-3　钢材材性试件

试件	取材位置	规格	试件厚度（mm）	材质	数量
试件一	异形柱方钢管	RSH150×8	8	Q235B	4
试件二	钢梁腹板	PL7	7	Q235B	4

表 5-4　钢材性能指标

试件	取材位置	试件厚度（mm）	材质	数量	屈服强度（MPa）	极限强度（MPa）
试件一	异形柱方钢管	8	Q235B	4	252.57	383.57
试件二	钢梁腹板	7	Q235B	4	259.84	396.36

2）草砖砌块性能

本试验选用的草砖砌块以农林废弃物秸秆纤维为主要原料，添加有机黏合剂热压成型，草砖砌块表面的碳化层和秸秆表面的蜡质层使其具有一定的耐火、耐水性，同时还有较好的保温、隔热、隔声作用及较强的抗压、抗折作用，适合作为保温墙体的填充料使用。草砖砌块使用的有机黏合剂甲醛释放量达到 E0 级（基本为无醛），不含有害重金属等有害物质。草砖砌块尺寸为 1 200 mm × 400 mm × 150 mm，中间含 3 个内直径为 90 mm 的空心圆孔，具体性能数据见表 5-5。

表 5-5　草砖砌块性能数据

主料	实心密度（kg/m³）	平均密度（kg/m³）	扩散系数（m²/s）	烘干后热容[J/（kg·K）]	导热系数[W/（m·K）]
秸秆	360	245	4.8×10^{-12}	1 090	0.06

3）ALC 墙板性能

本试验选用的 ALC 板依据厂家提供的专业检测报告，具体性能数据见表 5-6。

表 5-6　ALC 墙板性能数据

编号	检测项目		要求	实测结果
1	干密度		≤525 kg/m³	516 kg/m³
2	抗压强度	平均值	≥3.5 MPa	4.0 MPa
		单组最小值	≥2.8 MPa	3.9 MPa
3	抗冻性	质量损失	≤5.0%	4.3%
		冻后强度	≥2.8 MPa	3.3 MPa
4	导热系数（干态）		≤0.14 W/（m·K）	0.14 W/（m·K）
5	结构性能		≥206 N/m²	251 N/m²

5.2.2.5　实验室条件及加载装置

本试验在天津大学土木馆结构实验室进行，主要设备包括 500 t 反力架（反力墙）和 200 t 拉压千斤顶。其中，异形柱框架底板通过高强度螺栓与实验室原有的钢质承台相连接，钢质承台通过巨型螺栓与实验室地面固接，保证试件不会出现滑移；为提高试验安全性，在试件墙体两侧安装 4 根限位钢梁，防止试件在试验过程中发生平面外变形和位移；钢框架顶板通过足够的螺栓和加载梁固接,加载梁一端通过插销与200 t拉压千斤顶相连,试验过程中使用200 t拉压千斤顶在加载梁上施加沿水平方向的荷载,通过位移控制试件加载进度。试验加载装置如图5-7所示。

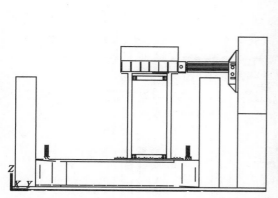

图 5-7　试验加载装置

5.2.2.6　测量内容及测点布置

本试验主要测量两组分别内嵌草砖砌块和内嵌 ALC 墙板的钢框架试件在水平荷载作用下,结构达到不同位移角时各接缝处裂缝的变化情况,得到各裂缝随位移角的变化规律以及破坏发展规律。

具体测量内容有千斤顶施加的水平荷载、试件不同高度处的水平位移、钢框架关键点的应变、裂缝宽度变化等。为保证试验的准确性,具体测量方法如下。

(1)水平荷载:试件的整体水平荷载由 200 t 水平拉压千斤顶端头连接的压力传感器测量,荷载数据自动采集并传输至应变箱。

(2)水平位移:试件的水平位移由位移计测量,在试件底板处布置位移计 W1,用于监测底板与钢承台之间发生的相对滑移;在试件中部布置位移计 W2,用于测量试件中部的水平位移;在试件顶部布置位移计 W3,用于测量试件顶部的水平位移,如图 5-8(a)所示。

(3)应变:试验过程中异形柱、钢梁的实时应变由应变片和应变花测量,每个试件布置16 个应变片、6 个应变花,分布在异形柱框架关键位置处,通过应变箱自动采集应变数据,如图 5-8(b)所示。

(4)裂缝宽度:试件表面拼缝的裂缝宽度由裂缝计测量,试件 Q1 石膏板拼缝处布置 3 个裂缝计,试件 Q2 钢框架与 ALC 板接缝处布置 6 个裂缝计,所有裂缝计均布置在内墙上,通过应变箱自动采集裂缝宽度数据,如图 5-8(c)和(d)所示。

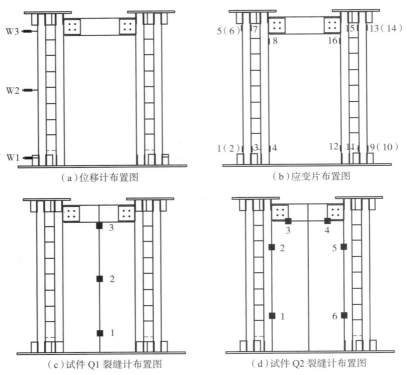

（a）位移计布置图   （b）应变片布置图

（c）试件 Q1 裂缝计布置图   （d）试件 Q2 裂缝计布置图

图 5-8   各试件测点布置图

5.2.2.7　加载制度

本试验加载过程包括预加载和正式加载两个阶段,为采用位移控制的加载制度,同图 4-11。

预加载:测试试验系统是否正常,调试试验装置和测试仪器,稳定示数,使系统趋于正常;预加载千斤顶最大位移不超过 2 mm,调试成功后卸载。

正式加载:由于本试验测量的是两组试件墙体裂缝在不同位移角下的发展情况,故采用单向正式加载方式,加载过程采用位移控制法分级加载。水平加载过程中,随时观察 3 号位移计示数,位移分 30 级加载到 62 mm 即可,位移角通过 3 号位移计的示数/位移计高度得到,每级加载持荷 3 min,观察试验现象,然后再加载下一级。若试件加载到 1/50 位移角仍未破坏,则继续分级缓慢加载,直至试件破坏,停止试验。

5.2.3　试验现象

本试验按照加载制度加载,从 1/1 000 位移角开始观察试验现象,直至 1/50 位移角,若此时试件仍未破坏,则继续缓慢分级加载,直至试件破坏,停止试验。

试件在整个试验过程的表现基本可分为 4 个阶段:试件表面无裂缝、无变形阶段;试件表面拼缝处腻子爆皮且产生裂缝阶段;试件表面拼缝处腻子脱落且裂缝增大阶段;裂缝处网格布、板材明显露出且试件即将破坏阶段。

5.2.3.1　试件 Q1 的试验现象

试件 Q1 特有的试验变量:草砖砌块与两侧钢柱壁分别使用免钉胶和结构胶进行黏结,做对比试验;石膏板在左右两侧室内转角处采取不同的构造形式,分别为长板压短板和短板压长板,做对比试验。

1)试件表面无裂缝、无变形阶段(1/1 000~1/250)

当位移角处于 1/1 000~1/250 时,试件无明显变化,内墙石膏板与外墙聚苯板表面腻子均无开裂现象,结构处于弹性阶段。

2)试件表面拼缝处腻子爆皮且产生裂缝阶段(1/250~1/125)

当位移角达到 1/250 时,挤塑聚苯板开始发出轻微的挤压声;随着加载的继续,声音逐渐增大,从喳喳声变为砰砰声,外墙左下柱脚附近腻子层开始轻微鼓起,内墙右侧转角石膏板拼缝处腻子开始鼓起,如图 5-9 所示。

当位移角达到 1/200 时,外墙表面腻子层开始有轻微裂缝产生,且大多为斜裂缝,长约 2 cm,纹路细微,仅肉眼可见,内墙右侧转角石膏板拼缝处腻子开始轻微爆皮;随着加载继续,裂缝数量明显增多且不断延长,外墙腻子开始产生轻微爆皮现象。

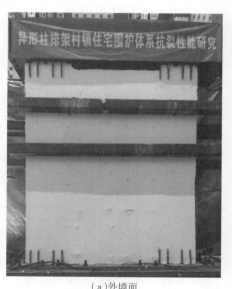

(a)外墙面　　　　　　　　　　(b)内墙面

图 5-9　位移角 1/250 时试件 Q1 试验现象

当位移角达到 1/150 时,外墙面左侧突然出现一道竖向贯通整个墙面的裂缝,长约 2.5 m,经判断裂缝与挤塑聚苯板竖向拼缝吻合且靠近填充墙与异形柱拼缝,裂缝周围腻子出现大量爆皮,并发出沙沙声;与此同时,内墙右侧转角石膏板拼缝处(短板压长板)开始产生明显的裂缝,且腻子起皮,但内墙左侧转角石膏板拼缝处(长板压短板)由于构造做法不同没有明显现象,如图 5-10 所示。

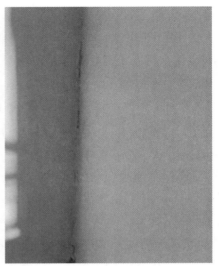

（a）外墙左侧贯通裂缝 　　　　　　　　　　（b）内墙右侧转角裂缝

图 5-10　位移角 1/150 时试件 Q1 试验现象

3）试件表面拼缝处腻子脱落且裂缝增大阶段（1/125~1/65）

当位移角达到 1/125 时，外墙面腻子开始出现微量脱落现象，异形柱框架柱脚加劲板和柱头加劲板附近墙面出现多道新的约长 8 cm 的斜裂缝，原有贯通长裂缝宽度继续扩大，内墙左侧转角石膏板拼缝处腻子开始鼓起，中间 1 号裂缝计处的石膏板拼缝可以观察到纹路细微、仅肉眼可见的斜裂缝，内墙右侧转角原有裂缝继续扩大，如图 5-11 所示。

（a）外墙右下柱脚裂缝　　　　　　　　　　（b）内墙 1 号裂缝计处斜裂缝

图 5-11　位移角 1/125 时试件 Q1 试验现象

当位移角达到 1/110 时，钢结构突然发出巨大的响声，外墙右下方的柱脚加劲板与外墙体发生分离，内墙右侧转角石膏板拼缝处网格布开始显露。

当位移角达到 1/100 时,聚苯保温板发出三四声脆响,推测是异形柱壁两侧面纯粘贴的保温板受弯变形和局部边缘脱胶所致;外墙右上方突然出现一道新的竖向裂缝,裂缝长约 1 m,其与挤塑聚苯板竖向拼缝吻合且裂缝靠近填充墙与异形柱拼缝,原有的左侧贯通裂缝继续扩大,与此同时伴随有部分小块腻子脱落现象;内墙右下方石膏板由于与柱脚加劲板发生挤压开始碎裂,如图 5-12 所示。

当位移角达到 1/80 时,外墙左下方的柱脚加劲板与外墙体发生分离,外墙面左侧竖向贯通长裂缝最宽处墙皮掉落,网格布开始露出,右侧竖向长裂缝向下延伸至接近中下位置,裂缝约长 2 m;内墙右侧转角石膏板拼缝处裂缝由于发生挤压,腻子皮大量卷起,网格布开始露出,与此同时内墙左侧转角和中间拼缝处裂缝越发清晰,如图 5-13 所示。

（a）外墙两道竖向裂缝

（b）内墙右下方石膏板挤碎

图 5-12　位移角 1/100 时试件 Q1 试验现象

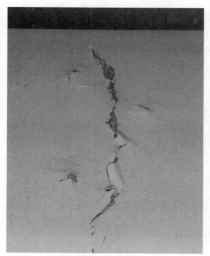

（a）外墙左侧裂缝

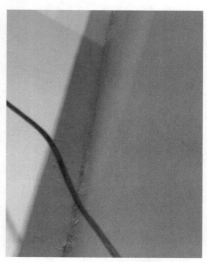

（b）内墙右侧转角拼缝

图 5-13　位移角 1/80 时试件 Q1 试验现象

4）裂缝处网格布、板材明显露出且试件即将破坏阶段（1/65~1/31）

当位移角达到 1/65 时，整体可以观察到明显的倾斜，外墙右侧保温结构明显与钢底板发生分离，左侧柱脚处腻子层由于挤压作用发生明显鼓起，外墙面各类裂缝继续扩宽；内墙面左侧石膏板跟随体发生明显倾斜，下方与钢底板发生分离，根据仪器反馈，石膏板中缝处上方 3 号裂缝计受压，下方 2 号、1 号裂缝计受拉，与观察到的试验现象吻合良好，如图 5-14 所示。

（a）外墙右侧与底板分离　　　　　　　　　（b）内墙左侧石膏板倾斜

图 5-14　位移角 1/65 时试件 Q1 试验现象

当位移角达到 1/50 时，外墙面左侧竖向贯通裂缝继续扩大，右侧竖向裂缝完全贯通，同时伴随有大量墙皮掉落；内墙左右转角处拼缝继续扩大，均可见网格布，中间裂缝明显可见，上方 3 号裂缝计处石膏板拼缝由于挤压，腻子层鼓起，可以观察到密集斜裂缝，且斜裂缝周围石膏板钉轮廓凸显，部分钉帽上腻子脱落，钉帽露出，如图 5-15 所示。

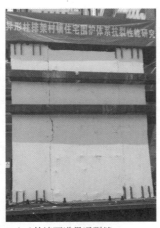 

（a）外墙两道贯通裂缝　　　　　　　　　　（b）内墙 3 号裂缝计处斜裂缝

图 5-15　位移角 1/50 时试件 Q1 试验现象

当位移角达到 1/31 时，伴随着一声巨响，试件 Q1 破坏，瞬间有大量墙皮呈雪花状掉落，随后立即卸载。此时，外墙未出现新裂缝，原有裂缝有少量扩宽，左侧贯通裂缝最宽处可见蓝色挤塑聚苯板；内墙右侧转角处网格布明显撕脱，左侧转角和中缝处开裂情况较好，裂缝无明显增大,如图 5-16 所示。

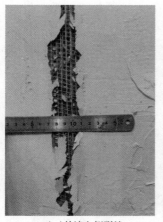 

(a)外墙左侧裂缝   (b)内墙右侧转角网格布撕脱

图 5-16 位移角 1/31 时试件 Q1 试验现象

图 5-17 所示为不同位移角下试件 Q1 裂缝发展。

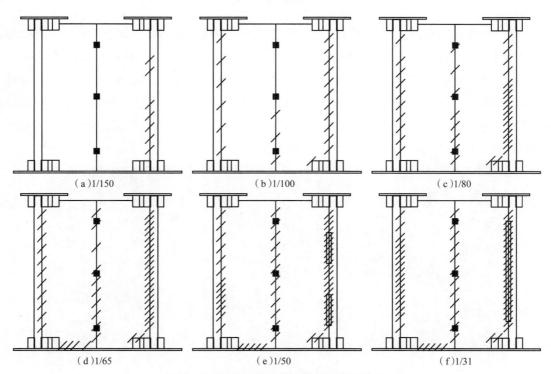

(a)1/150   (b)1/100   (c)1/80

(d)1/65   (e)1/50   (f)1/31

图 5-17 不同位移角下试件 Q1 裂缝发展

5)试件破坏后

试件破坏后,观察装有裂缝计的内墙石膏板表面,可以发现左侧采用长板压短板构造形式的墙角处破坏较轻、裂缝较窄;右侧采用短板压长板构造形式的墙角处破坏较为严重、裂缝较宽,如图 5-18 所示。根据试验现象可以得出结论,平面内受力的石膏板在两端墙角处应尽量采取压在两侧壁石膏板表面的构造方式。另外,石膏板中间拼缝破坏较小,可以认为石膏板钉间距布置合理,能够满足抗裂、美观的要求。

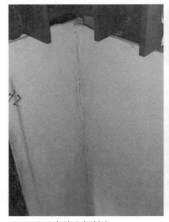

（a）内墙左侧转角　　　　　　　（b）内墙中部　　　　　　　（c）内墙右侧转角

图 5-18　试件破坏后内墙石膏板

拆开内墙石膏板,观察内部墙体,可以发现左侧采用免钉胶黏结处理的草砖砌块与异形柱壁之间的接缝有 3 处开裂,裂缝长度均在 10 cm 左右,薄钢尺可以插入开裂处;右侧采用结构胶黏结处理的草砖砌块与异形柱壁之间的接缝仅有 1 处开裂,裂缝长度相近,薄钢尺可以插入开裂处,如图 5-19 所示。根据以上现象可以得出结论,草砖砌块和钢框架之间最好使用结构胶进行黏结,这可以降低草砖填充墙和钢框架之间产生缝隙的可能性。另外,草砖墙体整体附带钢网未发生任何破坏,说明该构造做法完全满足抗裂、安全、保温的要求。

（a）草砖砌块与异形柱左侧接缝　　　　（b）墙体内部　　　　（c）草砖砌块与异形柱右侧接缝

图 5-19　试件破坏后墙体内部

5.2.3.2 试件 Q2 的试验现象

1）试件表面无裂缝、无变形阶段（1/1 000~1/300）

当位移角处于 1/1 000~1/300 时，试件表面无明显变化，结构发出细微的咔咔声，内墙面与外墙面腻子均无开裂现象，结构处于弹性阶段。

2）试件表面拼缝处腻子爆皮且产生裂缝阶段（1/300~1/150）

当位移角达到 1/300 时，挤塑聚苯板开始发出轻微的挤压声，内外墙柱脚附近墙面可以观察到仅肉眼可见的轻微裂纹，如图 5-20 所示。

（a）外墙面　　　　　　　　　　（b）内墙面

图 5-20　位移角 1/300 时试件 Q2 试验现象

当位移角达到 1/250 时，外墙左下方柱脚肋板附近腻子开始产生细小裂痕，长约 3 cm；内墙左下方 1 号裂缝计附近腻子层鼓起一个小包，并伴随有长约 15 cm 细长折线形裂缝，向柱脚加劲肋方向延伸；内墙左上方 2 号裂缝计附近突然产生一道明显的斜裂缝，向上延伸至梁下翼缘，向下竖直延伸，裂缝边缘腻子层爆皮，如图 5-21 所示。

当位移角达到 1/200 时，外墙面右侧中间高度处突然出现一道竖向裂缝，长约 1 m，经判断裂缝与挤塑聚苯板竖向拼缝基本吻合，且靠近填充墙与异形柱接缝位置，外墙下方与钢底板接缝位置腻子层轻微开裂，出现细微的横向裂缝；内墙右下方 6 号裂缝计附近出现新的斜裂缝，长约 10 cm。

（a）内墙左下方 1 号裂缝计处鼓包　　　　　　（b）内墙左上方 2 号裂缝计处斜裂缝

图 5-21　位移角 1/250 时试件 Q2 试验现象

（a）外墙右侧竖向裂缝　　　　　　　（b）内墙右下方 6 号裂缝计处斜裂缝

图 5-22　位移角 1/200 时试件 Q2 试验现象

3）试件表面拼缝处腻子脱落且裂缝增大阶段（1/150~1/75）

当位移角达到 1/150 时，外墙右侧竖向裂缝少量延长，长约 1.5 m，下方横向裂缝明显变宽，与钢底板分离；内墙左侧 1 号、2 号裂缝计处裂缝扩宽，裂缝周围开始发生腻子脱落现象。

当位移角达到 1/125 时，外墙右侧竖向裂缝上下贯通，伴随有小块墙皮掉落，右下方墙面与柱脚加劲肋分离；内墙左下方 1 号裂缝计附近裂缝扩宽并向上延伸，内墙右上方 4 号裂缝计跨中位置开始出现裂缝，说明梁与 ALC 板拼缝处开始发生变形和错位，如图 5-23 所示。

（a）外墙右侧竖向贯通裂缝　　　　　　　　（b）内墙右上方 4 号裂缝计跨中裂缝

图 5-23　位移角 1/125 时试件 Q2 试验现象

当位移角达到 1/100 时，外墙右侧竖向裂缝继续变宽，墙皮脱落增多；内墙左侧 1 号和 2 号裂缝计之间裂缝基本贯通相连，内墙左上方 3 号裂缝计跨中位置开始出现裂缝，钢梁底部与 ALC 板顶部之间变形进一步增大，如图 5-24 所示。

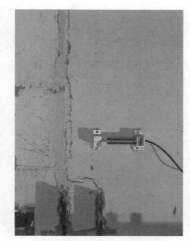

（a）内墙左侧 2 号、3 号裂缝计处裂缝　　　　（b）内墙 1 号裂缝计左侧裂缝

图 5-24　位移角 1/100 时试件 Q2 试验现象

4）裂缝处网格布、板材明显露出且试件即将破坏阶段（1/75~1/18）

当位移角达到 1/75 时，外墙右侧竖向裂缝与底板处横向裂缝相连贯通，部分墙皮掉落导致内部网格布露出，裂缝较宽处可见内部蓝色聚苯保温板；内墙整体裂缝有轻微扩展，如图 5-25 所示。

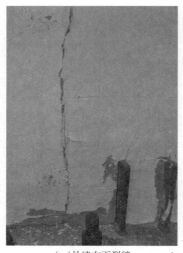

（a）外墙右下裂缝　　　　　　　　　（b）内墙整体裂缝

图 5-25　位移角 1/75 时试件 Q2 试验现象

　　当位移角达到 1/50 时，外墙左侧出现新的竖向裂缝，长约 2 m，右侧裂缝继续加宽；内墙中部两块 ALC 墙板拼缝处突然发生开裂，出现新的竖向贯通裂缝；内墙 2 号裂缝计左上方裂缝最宽处约 3 cm，内部网格布明显露出；内墙 4 号、6 号裂缝计周围出现新的裂缝，墙面腻子脱落频率加快；内墙 6 个裂缝计周围裂缝基本相连形成一个闭环，如图 5-26 所示。

（a）内墙 2 号裂缝计处裂缝　　　　　　　（b）内墙整体裂缝

图 5-26　位移角 1/50 时试件 Q2 试验现象

　　当位移角达到 1/30 时，外墙中部出现第三道竖向贯通裂缝，三道竖向裂缝均与挤塑聚苯板竖向拼缝吻合，开裂过程伴随有清晰的网格布撕裂声；内墙 3 号裂缝计右侧出现新的斜裂缝,与竖向中缝和水平向裂缝构成三角形,推测是由两块 ALC 板中间拼缝破坏后进一步挤压导致的;内墙 4 号裂缝计右侧出现新的直角裂缝,与原本内凹的直角裂缝构成一个矩形;内墙原有各裂缝宽度明显增加,网格布大量露出,如图 5-27 所示。

(a)内墙 3 号裂缝计处裂缝　　　　　(b)内墙 4 号裂缝计处裂缝

图 5-27　位移角 1/30 时试件 Q2 试验现象

当位移角达到 1/18 时,伴随着一声巨响,试件 Q2 破坏,瞬间有大量墙皮呈雪花状掉落,随后立即卸载。此时,外墙未出现新裂缝,3 道竖向裂缝有少量扩宽,部分可见蓝色挤塑聚苯板;内墙总体没有新的裂缝产生,但 2 号、3 号裂缝计附近随着试件破坏有大块墙皮掉落,如图 5-28 所示。

(a)外墙面　　　　　　　　　(b)内墙面

图 5-28　位移角 1/18 时试件 Q2 试验现象

5.2.4　试验数据分析

5.2.4.1　试件 Q1 荷载-位移曲线

对于试件 Q1 所代表的草砖砌块新型围护体系,本试验使用 3 个裂缝计和 3 个位移计测量了两个纸面石膏板标准平接拼缝处缝隙宽度随墙体位移角变化的情况。

由于本试验采用的是单向正式加载方式,测量的是墙体裂缝在不同位移角下的发展情况,故不存在滞回曲线,只有结构在单向荷载作用下荷载-位移曲线可以作为参考,用来评估异形柱框架内嵌草砖墙体试件的受力性能和抗震性能。

试件 Q1 的荷载-位移曲线如图 5-29 所示。可以看出,位移角在 0~1/200 阶段时,试件 Q1 基本处于弹性阶段,曲线趋近于直线,斜率较高;位移角在 1/200~1/50 阶段时,曲线弧度较大,斜率逐渐下降,试件 Q1 进入屈服阶段;位移角在 1/50~1/31 阶段时,曲线斜率逐渐趋于水平,试件 Q1 即将达到强度极限;位移角超过 1/31 以后,试件 Q1 突然发生破坏,千斤顶荷载骤降,加载结束,极限荷载为 1 022.44 kN。

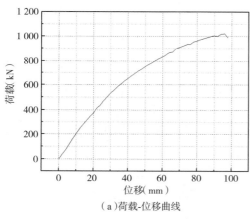
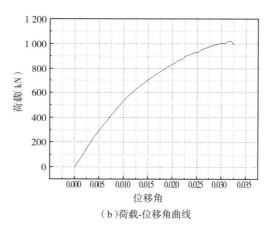

（a）荷载-位移曲线　　　　　　　　　　　（b）荷载-位移角曲线

图 5-29　试件 Q1 的荷载-位移曲线

5.2.4.2　试件 Q1 裂缝宽度-位移角曲线

试件 Q1 裂缝宽度-位移角曲线是根据 1 号、2 号、3 号裂缝计(图 5-30)示数随位移角变化得到的阶梯形曲线,如图 5-31 所示。

通过观察图 5-31 可以发现,石膏板中间拼缝裂缝宽度始终保持在较小范围,不超过 0.06 mm,抗裂性能优秀;上方 3 号裂缝计始终受压,裂缝计示数为负;下方 1 号、中部 2 号裂缝计在位移角达到 1/80 之前受拉,裂缝宽度逐渐扩大;位移角在 1/80~1/50 时,裂缝宽度基本维持不变;在位移角超过 1/50 之后,裂缝宽度开始缩小,说明两块石膏板边缘逐渐靠拢,缝隙处开始受压。

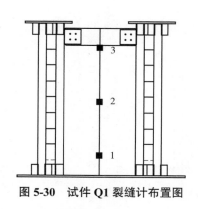

图 5-30 试件 Q1 裂缝计布置图

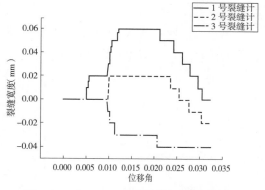

图 5-31 试件 Q1 的裂缝宽度-位移角曲线

5.2.4.3 试件 Q2 荷载–位移曲线

对于试件 Q2 所代表的 ALC 墙板围护体系,本试验使用 6 个裂缝计和 3 个位移计测量了 ALC 墙板与异形柱、钢梁拼缝处缝隙宽度随墙体位移角变化的情况。

由于本试验采用的是单向正式加载方式,测量的是墙体裂缝在不同位移角下的发展情况,故不存在滞回曲线,只有结构在单向荷载作用下荷载-位移曲线可以作为参考,用来评估异形柱框架内嵌 ALC 墙板试件的受力性能和抗震性能。

试件 Q2 的荷载-位移曲线如图 5-32 所示。可以看出,位移角在 0~1/100 阶段时,试件 Q2 基本处于弹性阶段,曲线趋近于直线,斜率较高;位移角在 1/100~1/25 阶段时,曲线弧度较大,斜率逐渐下降,试件 Q2 进入屈服阶段;位移角在 1/25~1/18 阶段时,曲线斜率逐渐趋于水平,试件 Q2 即将达到强度极限;位移角超过 1/18 以后,试件 Q2 突然发生破坏,千斤顶荷载骤降,加载结束,极限荷载为 982.6 kN。

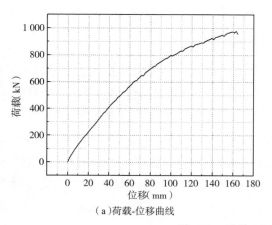

(a)荷载-位移曲线

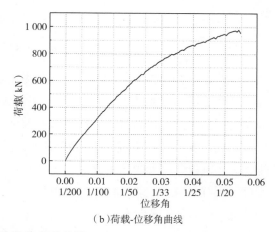

(b)荷载-位移角曲线

图 5-32 试件 Q2 的荷载-位移曲线

5.2.4.4　试件 Q2 裂缝宽度–位移角曲线

试件 Q2 裂缝宽度-位移角曲线是根据 1 号至 6 号裂缝计（图 5-33）示数随位移角变化得到的阶梯形曲线，如图 5-34 所示。

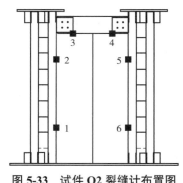

图 5-33　试件 Q2 裂缝计布置图

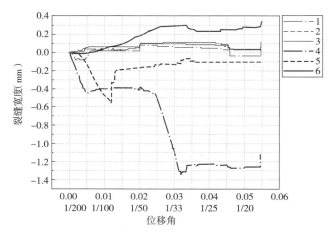

图 5-34　试件 Q2 的裂缝宽度-位移角曲线

通过观察图 5-34 可以发现，ALC 墙板与异形柱、钢梁拼缝处裂缝宽度变化差异较大。1号至 3 号裂缝计示数变化较小，最大受拉裂缝宽度约为 0.1 mm，变化趋势一致，在位移角达到 1/50 之前受拉，裂缝宽度逐渐扩大；位移角在 1/50~1/22 时，裂缝宽度基本维持不变，在位移角超过 1/50 之后，裂缝宽度开始缩小，说明缝隙处开始受压。4 号和 5 号裂缝计始终受压，4 号裂缝计最大受压宽度超过-1.3 mm，约在 1/30 位移角处达到。5 号裂缝计最大受压宽度超过-0.55 mm，约在 1/80 位移角处达到，然后裂缝受压程度急剧减小。6 号裂缝计始终受拉，最大受拉裂缝宽度约为 0.3 mm，约在 1/33 位移角处达到，然后裂缝宽度开始缩小，越过 1/25 位移角后又开始上升。

5.3 草砖填充墙体等效刚度计算方法

图 5-35 所示为试件 Q1、Q2 的荷载-位移曲线对比。可以看出,草砖围护体系试件最终破坏的位移角 1/31 要远远小于 ALC 墙板围护体系试件最终破坏的位移角 1/18,而且草砖砌块试件可承受的最大侧向荷载为 1 022.44 kN,要略高于 ALC 墙板试件的 982.6 kN。由此可以看出,草砖砌块填充墙为异形柱钢框架结构提供了一定的抗侧刚度,其抗裂和抗侧性能均优于 ALC 墙板体系,在同等结构荷载计算条件下,选用草砖围护体系可以适当减少结构的用钢量,为了精确计算结果,需要结合试验数据,推导出相应的新型村镇住宅围护体系刚度公式,根据公式提出围护体系的改进方案。

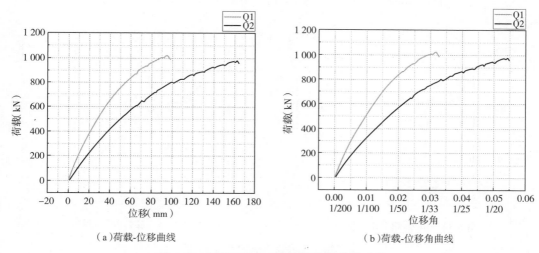

（a）荷载-位移曲线　　　　　　　　（b）荷载-位移角曲线

图 5-35　试件 Q1、Q2 的荷载-位移曲线对比

5.3.1 框架-填充墙公式计算理论

目前,我国学者对带有框架内嵌填充墙体系进行了大量的试验研究,并给出了多种不同类型的抗侧刚度计算公式。

此外,国内外学者普遍采用等效斜压杆模型计算带填充墙框架的弹性抗侧刚度。等效斜压杆模型将填充墙看作一个与框架相连的只承受压力的斜压杆。其中,斜压杆长度 d 取框架对角线长度,厚度 t 和弹性模量 E_w 与填充墙体相同。因此,该模型中关键参数是斜压杆宽度 w 的取值,当确定 w 后,可以根据结构力学的方法,计算带填充墙框架结构的弹性抗侧刚度。

对于斜压杆宽度 w 的取值,国内外学者进行了大量的研究,并给出了相应的计算公式,可分为两类:一类认为 w 为整体结构几何尺寸的函数,即 $w = d/n$,其中 n 为 2、3、4 等整数,此类斜压杆宽度计算公式较为简单；另一类认为 w 与框架、填充墙的相对刚度有关，并采用特征参数 λ 反映这种影响。特征参数 λ 的计算公式见式（5-1），相关计算模型如图 5-36 和图 5-37 所示。

$$\lambda = \left[\frac{E_w t \sin(2\theta)}{4 E_c I_c h_w} \right]^{1/4} \tag{5-1}$$

式（图）中　λ——特征参数；

　　　　　　E_w、E_c——填充墙砌体和框架材料的弹性模量；

　　　　　　L_w、h_w、t——填充墙宽度、高度和厚度；

　　　　　　θ——斜压杆与横梁之间的角度；

　　　　　　I_c——柱截面惯性矩；

　　　　　　h、L、d——框架的高度、跨度和对角线长度。

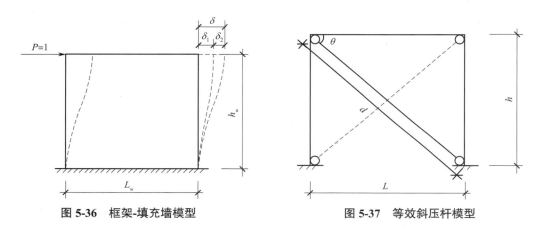

图 5-36　框架-填充墙模型　　　　　　图 5-37　等效斜压杆模型

5.3.2　异形柱框架-草砖填充墙弹性抗侧刚度公式

　　根据以上公式和模型对草砖围护体系弹性阶段的抗侧刚度公式进行推导，通过试件 Q1、Q2 的试验数据对异形柱框架-草砖填充墙进行数学分析。其中，草砖砌块试件可以视为满砌内嵌，与钢框架四周完全接触；ALC 墙板试件由于采用了发泡剂和 PE 棒处理墙板与钢框架缝隙，可以视为与钢框架不直接接触，初始刚度近似为空框架结构。草砖砌块的弹性模量经过材性试验实测为 0.52 GPa，钢材的弹性模量取为 200 GPa。从试件 Q1 荷载-位移曲线可以看出，位移角在 0~1/200 阶段时，试件基本处于弹性阶段，曲线趋近于直线，斜率较大，因此近似地将试件在 0~1/200 位移角区间的抗侧刚度视作弹性抗侧刚度，而实际此时填充墙表面腻子层已经产生细微裂纹，已属于住宅正常使用过程中所能接受的最大位移角。

　　采用等效斜压杆模型计算整体结构的抗侧刚度，当整体结构产生单位水平侧移时，压杆轴向变形为 $\cos\theta$。假设所施加的水平力为 K，将 K 分解为使框架产生单位位移所需的力 K_F 与使压杆变形的力 K_w，框架-填充墙整体的抗侧刚度 K 可采用下式计算：

$$K = K_F + K_W \tag{5-2}$$

其中,框架的抗侧刚度 K_F 参考结构力学计算方法,由于本章使用的是全铰接异形柱框架,其公式参数类似于悬臂结构计算参数,经试验数据修正,可采用下式计算:

$$K_F = \frac{3.4 E_c I_c}{h^3} \tag{5-3}$$

此时草砖砌块填充墙视为等效斜压杆,杆中轴力为 $K_W / \cos\theta$。根据胡克定律有 $K_W / \cos\theta = E_w wt \cos\theta / d$,即可得到草砖砌块填充墙的抗侧刚度 K_W 的表达式为

$$K_W = \frac{L^2 E_w wt}{\left(L^2 + h^2\right)^{1.5}} \tag{5-4}$$

由于等效斜压杆模型计算方法中仅压杆宽度取值不同,因此采用 Excel 软件进行编程,通过输入试验中钢框架和填充墙的尺寸、弹性模量,经过不同公式计算可以得到抗侧刚度计算值,然后将计算值除以实测值可以得到抗侧刚度计算值的相对值,通过标准差、方差选出最接近试验数据的压杆宽度计算公式。参考国外 MSCJ 规范中的计算方法,并根据草砖砌块试件试验数据对相关参数进行修正,得到以上异形柱框架-草砖填充墙弹性抗侧刚度公式中斜压杆宽度 w 的计算公式为

$$w = \frac{0.25}{\lambda \cos\theta} \tag{5-5}$$

对于所得公式进行验算,将其和试验结果进行对比,见表 5-7。

表 5-7 公式验算

计算参数		计算和试验结果	
草砖弹性模量 E_w(GPa)	0.52	特征参数 λ	0.000 592
钢材弹性模量 E_c(GPa)	200	等效压杆宽度 w(mm)	716.982
填充墙宽度 L_w(mm)	1 240	填充墙抗侧刚度 K_W	6.340
填充墙高度 h_w(mm)	2 320	框架抗侧刚度 K_F	14.646
填充墙厚度 t(mm)	150	整体抗侧刚度 K	20.986
斜压杆与梁夹角 θ(rad)	0.942	试验结果	
梁截面惯性矩 I_b(mm⁴)	7.350×10^7	实际填充墙抗侧刚度 K'_w	6.229
柱截面惯性矩 I_c(mm⁴)	3.246×10^8	Q2 框架抗侧刚度 K'_F	14.824
框架高度 h(mm)	2 470	Q1 整体抗侧刚度 K'	21.053
框架跨度 L(mm)	1 798	公式计算结果与试验数据吻合良好	

以上异形柱框架-草砖填充墙抗侧刚度公式是由试验结果得出的,在 0~1/200 位移角区间内误差均不超过 10%,预测精度相对较好,公式可以用于异形柱框架-草砖填充墙围护体系弹性阶段的刚度预测。因此,建议在设计和应用该类新型草砖围护体系村镇住宅时采用此公式进行荷载和结构验算。

5.4　本章小结

本章针对装配式轻钢异形柱框架村镇住宅围护体系进行了研究。首先通过市场调研、材料比选确定了适用于村镇住宅的围护体系材料,并设计了新型围护体系构造,然后针对外墙构造开展了抗裂性能试验,分析了围护体系的受力性能和破坏特征,并对连接构造进行了优化分析,考察了草砖与钢框架黏结形式、石膏板室内转角处理方式、ALC 板与钢框架接缝处理方式等构造,得到了较优的轻钢异形柱框架村镇住宅围护体系构造做法,并且推导了相关抗侧刚度公式,得到的主要结论如下。

(1)在水平静力荷载作用下,所采用的外墙连接构造破坏形式主要为外保温板拼接处的开裂变形、石膏板拼缝处的破坏、墙板与钢框架之间拼缝处的破坏等,在相关规范要求的位移角内未发生砌块、板材的严重破坏和脱落现象,说明其具有良好的抗裂性能,能够承受较大荷载的作用,在主体结构变形达到大震荷载限制时仍能够正常工作,具有较高承载力。

(2)对于草砖围护体系而言,平面内受力的石膏板在两端墙角处应尽量采取压在两侧壁石膏板表面的构造方式;石膏板钉间距以 25 cm 为佳,可以满足抗裂、美观的要求;草砖砌块和钢框架之间最好使用结构胶进行连接,这可以降低草砖填充墙和钢框架之间产生缝隙的可能性;草砖砌块墙体整体外挂钢网的构造做法有效限制了草砖填充墙的平面外位移,可以满足围护体系抗裂、安全的设计要求。

(3)ALC 墙板围护体系抗裂性能较草砖围护体系而言稍差,墙面破坏开裂的位移角要小于草砖围护体系,但仍满足相关规范要求;ALC 板填充墙几乎无法为钢框架提供抗侧刚度,结构体系柔性较大,最终破坏的位移角远大于草砖围护体系;ALC 墙板使用钩头螺栓的连接构造做法连接牢固,同样可以满足围护体系抗裂、安全的设计要求。

(4)推导的异形柱框架-草砖填充墙弹性抗侧刚度公式预测精度相对较好,公式可以用于异形柱框架-草砖填充墙围护体系弹性阶段的刚度预测,建议在设计和应用该类新型草砖围护体系村镇住宅时采用此公式进行荷载和结构验算。

轻木剪力墙构造与抗震性能研究

6.1 轻木剪力墙构造与研究背景

6.1.1 研究背景与意义

改革开放以来,我国城市建设高速发展,取得了显著成果。与此同时,村镇地区的发展却相对滞后,发展不平衡、不充分。2022 年 10 月,中华人民共和国住房和城乡建设部发布《2021 年城乡建设统计年鉴》,随着国家乡村振兴战略的实施,国家针对村镇建设的投入逐年增多,着力完善村镇基础设施建设,提高居民住房的安全度和舒适度。

村镇住宅通常为低多层房屋,且受到大型机械运输困难、建造成本的限制。本章将异形柱与 H 型钢梁采用全螺栓铰接节点连接,形成铰接异形柱框架。该框架结构具有质量轻、节能环保、装配率高、施工周期短、可避免钢柱过大导致的角部突角等优势,但铰接异形柱框架抗侧能力较弱。此外,木结构能够提供比较好的舒适度、热工性能,同时木剪力墙有良好的抗侧能力。

因此,基于铰接异形柱框架和轻木剪力墙的优势互补,本章提出一种铰接异形柱框架-轻木剪力墙结构体系,该体系不仅装配程度高、施工周期短、可避免钢柱过大导致的角部突角,还可实现建筑结构一体化,在轻木剪力墙提供良好抗侧能力的同时,覆面板可以把钢柱和钢梁包裹住,有效解决冷桥问题,并遮挡结构与墙体之间的裂缝。本章对该体系进行拟静力试验研究和有限元模拟分析,推导得出轻木剪力墙抗侧刚度计算公式,进而得出体系的生成式设计方法,为村镇住宅结构体系的智能设计以及图纸的自动生成奠定理论基础。

6.1.2 国内外研究现状

尽管在异形柱框架、木剪力墙和钢木混合墙体等结构体系领域已有较多研究,但仍存在以下问题需要解决。

（1）方钢管组合异形柱与 H 型钢梁组成的框架结构体系具有良好的抗震性能,其在城市高层建筑中已广泛应用,但在村镇住宅中的应用研究较少。

（2）铰接异形柱框架连接方便、施工简单,但其抗侧能力较弱,将轻木剪力墙应用于铰接异形柱框架中,轻木剪力墙对体系抗侧刚度的贡献度有待研究。

（3）为实现村镇住宅结构体系的生成式设计以及图纸的自动生成,根据铰接框架尺寸进行轻木剪力墙构造尺寸的生成式设计方法还需进一步研究完善。

6.1.3　本章主要内容概括

本章的主要研究内容如下。

（1）进行铰接异形柱框架-轻木剪力墙结构体系的试验研究,分别对钢管内填充石膏的缩尺铰接异形柱框架-轻木剪力墙结构 TW-1 试件和钢管内无填充物的足尺铰接异形柱框架-轻木剪力墙结构 TW-2 试件进行拟静力试验,对其破坏模式、滞回曲线、骨架曲线、延性、刚度退化、承载力退化、耗能能力等指标进行分析研究。

（2）运用有限元分析软件 ABAQUS 建立铰接异形柱框架-轻木剪力墙结构体系试件的有限元模型并进行数值模拟,通过将数值模拟的结果与拟静力试验结果进行对比分析,验证有限元模型的合理性和准确性。

（3）对铰接异形柱框架-轻木剪力墙结构体系进行参数化分析,选取 OSB 板厚度、钢木连接节点数量、墙骨柱间距等参数建立有限元模型,研究其对铰接异形柱框架-轻木剪力墙结构体系抗震性能的影响,推导轻木剪力墙弹性抗侧刚度的计算公式。

6.2　轻木剪力墙围护体系抗震试验

6.2.1　试验概况

6.2.1.1　试件设计

本试验设计两榀铰接异形柱框架-轻木剪力墙结构试件,分别为设计比例 1:2 的缩尺试件和设计比例 1:1 的足尺试件,试件由铰接异形柱框架与轻木剪力墙组成。缩尺试件编号为 TW-1,其中铰接异形柱框架为单跨双层,层高为 1 360 mm,异形柱钢管内填充石膏;足尺试件编号为 TW-2,其中铰接异形柱框架为单跨单层,层高为 2 720 mm,异形柱钢管内无填充物。两个试件设计参数见表 6-1。

表 6-1　两个试件设计参数(mm)

试件编号	TW-1	TW-2
钢梁截面尺寸	H150 × 75 × 5 × 7	H300 × 150 × 7 × 10
单肢柱截面尺寸	□ 80 × 80 × 4	□ 150 × 150 × 8

试件编号	TW-1	TW-2
异形柱连接板厚度	4	8
梁柱连接板尺寸	135 × 120 × 7	290 × 260 × 9
SPF 规格材截面尺寸	38 × 89	38 × 184
OSB 板厚度	9	12
高强螺栓规格	4M16,10.9 级	4M24,10.9 级
骨架钉规格	ϕ3.8 mm × 90 mm,国产麻花钉	
面板钉规格	ϕ3.3 mm × 60 mm,国产麻花钉	
自攻螺钉规格	ϕ5.5 mm × 65 mm	

　　试件 TW-1 和 TW-2 的铰接异形柱框架由 L 形异形柱与 H 型钢梁组成,钢材等级均为 Q235,如图 6-1 所示。L 形异形柱的各单肢方钢管间采用单钢板和横向加劲肋连接;L 形异形柱与 H 型钢梁通过 4 个高强螺栓连接形成铰接节点,梁柱铰接节点如图 6-2 所示。试件 TW-1 的单肢方钢管截面尺寸为 80 mm × 80 mm × 4 mm,单连接板截面尺寸为 80 mm × 4 mm,横向加劲肋截面尺寸为 80 mm × 30 mm × 4 mm,H 型钢梁的截面尺寸为 150 mm × 75 mm × 5 mm × 7 mm。试件 TW-2 的单肢方钢管截面尺寸为 150 mm × 150 mm × 8 mm,单连接板截面尺寸为 150 mm × 8 mm,横向加劲肋截面尺寸为 150 mm × 60 mm × 8 mm, H 型钢梁的截面尺寸为 300 mm × 150 mm × 7 mm × 10 mm。

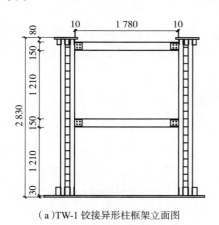
（a）TW-1 铰接异形柱框架立面图

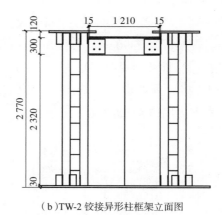
（b）TW-2 铰接异形柱框架立面图

图 6-1　试件 TW-1 和 TW-2 铰接异形柱框架立面尺寸图

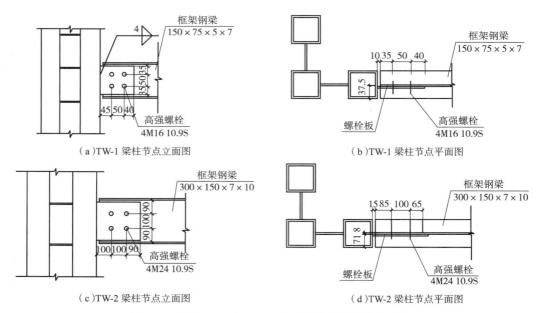

图 6-2　试件 TW-1 和 TW-2 异形柱框架梁柱铰接节点

试件 TW-1 和 TW-2 的轻木剪力墙由顶梁板、底梁板、墙骨柱和双侧覆面板组成,构件之间采用国产镀锌麻花钉连接。由于双侧覆面板需包裹钢柱,结合铰接框架单肢柱的尺寸,试件 TW-1 和 TW-2 的顶梁板、底梁板和墙骨柱所采用的 SPF 规格材的截面尺寸分别为 38 mm × 89 mm 和 38 mm × 184 mm,沿墙体长度方向中心距分别为 350 mm 和 394 mm。试件 TW-1 和 TW-2 的覆面板为 OSB 板,厚度分别为 9 mm 和 12 mm,相邻 OSB 板间距为 3 mm。骨架钉为长 90 mm、直径 3.8 mm 的国产麻花钉;面板钉为长 60 mm、直径 3.3 mm 的国产麻花钉,面板边缘钉间距为 150 mm,中间钉间距为 300 mm。

钢连接件分别与铰接异形柱框架和轻木剪力墙进行自攻螺钉连接,形成铰接异形柱框架-轻木剪力墙体系,如图 6-3 所示。

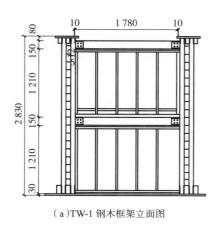

（a）TW-1 钢木框架立面图

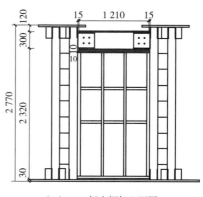

（b）TW-2 钢木框架立面图

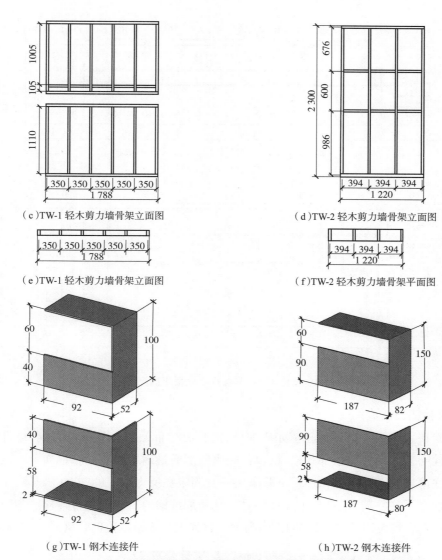

（c）TW-1 轻木剪力墙骨架立面图

（d）TW-2 轻木剪力墙骨架立面图

（e）TW-1 轻木剪力墙骨架立面图

（f）TW-2 轻木剪力墙骨架平面图

（g）TW-1 钢木连接件

（h）TW-2 钢木连接件

图 6-3 试件 TW-1 和 TW-2 铰接异形柱框架-轻木剪力墙构件尺寸图

根据试验场地底座高度及螺栓孔位置,设计 30 mm 厚的框架顶板和底板。试件 TW-1 和 TW-2 底板平面图如图 6-4 所示。

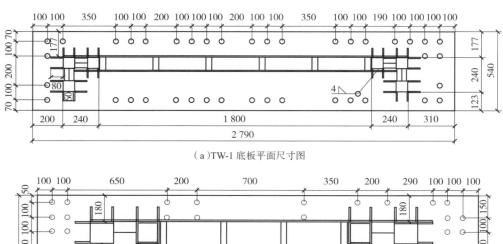

（a）TW-1底板平面尺寸图

（b）TW-2底板平面尺寸图

图 6-4　试件 TW-1 和 TW-2 底板平面尺寸图

6.2.1.2　试验加载装置

本试验在天津大学结构实验室完成加载,试验现场布置图如图 6-5 所示。试件底板通过高强螺栓与试验台底座顶部相连,试验台底座底部通过地锚栓锚固于地面上。试件顶板与加载梁底部通过高强螺栓相连。试验采用一侧固定在反力墙上的 200 t 水平液压千斤顶对试件施加水平往复荷载,水平千斤顶的另一端与加载梁通过销轴进行连接。为防止试验过程中试件发生较大扭转,在试件的适当高度位置处设置 4 根限位钢管梁。

水平千斤顶

加载梁

面外支撑

试件

地梁

图 6-5　试验现场布置图

6.2.1.3　试验测量内容及测点布置

本试验水平力的测量可由千斤顶上连接的力传感器实时测量;水平位移的测量可由布

置在框架两侧的 6 个位移计测得,水平位移计分别布置在加载梁、框架左右侧柱顶部、框架左右侧柱中部和底部。试件 TW-1、TW-2 的水平位移测点布置如图 6-6 所示。在试件的异形柱柱顶和柱底的柱壁处、梁柱连接板上布置应变片和应变花,以观察了解该部位的应变发展情况。试件 TW-1、TW-2 的应变测点布置如图 6-7 所示。

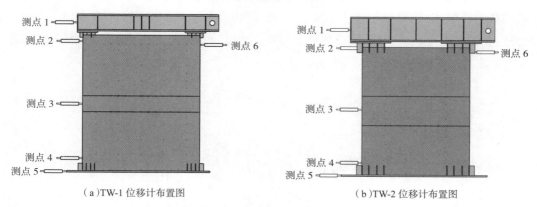

（a）TW-1 位移计布置图　　　　　　（b）TW-2 位移计布置图

图 6-6　试件 TW1-和 TW2 位移计布置图

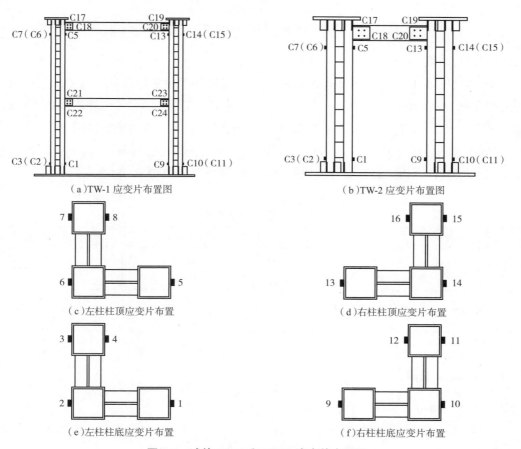

（a）TW-1 应变片布置图　　　　　　（b）TW-2 应变片布置图

（c）左柱柱顶应变片布置　　　　　　（d）右柱柱顶应变片布置

（e）左柱柱底应变片布置　　　　　　（f）右柱柱底应变片布置

图 6-7　试件 TW-1 和 TW-2 应变片布置图

6.2.1.4　加载方案与加载制度

　　本试验设置往复加载,试验加载制度根据《建筑抗震试验规程》(JGJ/T 101—2015)制定,如图 6-8 所示。试验正式加载前需先对试件进行预加载,水平荷载加载至屈服荷载的10%,确定试验加载装置、数据采集仪器正常工作后,再将水平荷载卸载至 0,即完成预加载。正式加载时,试验采用荷载-位移控制制度。在试件屈服前,试验采用荷载控制加载,并分 5级加载;在试件屈服后,试验采用位移控制加载。当试验加载至水平荷载下降至峰值荷载的85%以下或者试件出现严重破坏时,试验停止。

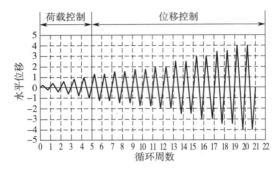

图 6-8　试验加载制度

6.2.1.5　材料性能

　　试件中铰接异形柱框架采用 Q235 钢,为了测定所用钢材的材性,根据《金属材料 拉伸试验 第 1 部分:室温试验方法》的相关规定,在异形柱方钢管、钢梁等位置取样加工成材性试件,每种材性试件制作 4 个,并进行材性试验,试件的平均屈服强度和极限强度见表 6-2。试件 TW-1 异形柱钢管内填充建筑石膏,设计石膏的材性试块(100 mm × 100 mm × 300 mm)进行材性试验,计算得到石膏材性试块的轴心抗压强度平均值为 8.8 MPa。

表 6-2　钢材材性数据

取样位置	钢材厚度(mm)	屈服强度(MPa)	极限强度(MPa)
异形柱方钢管	4	255.3	352.5
	8	252.6	383.6
钢梁腹板	5	305.0	465.0
	7	259.8	396.4

6.2.2　试验现象

6.2.2.1　试件 TW-1

　　为准确描述试件在加载过程中的试验现象,图 6-9 规定了试件 TW-1 的加载方向和试验现象的观察方向,往复加载按照先正向推、后反向拉的顺序进行。

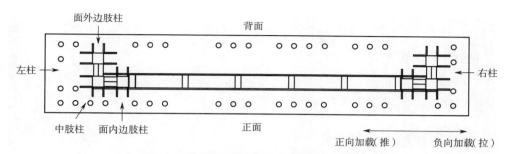

图 6-9　试件 TW-1 各位置及加载方向示意图

试件 TW-1 为缩尺的铰接异形柱框架-轻木剪力墙试件,试件加载过程可分为荷载控制加载阶段和位移控制加载阶段。

1)荷载控制加载阶段

根据 ABAQUS 软件有限元初步模拟的结果,预估试件 TW-1 的屈服荷载为 90 kN。在荷载控制加载阶段,分 5 级依次对试件进行加载。其中,在前三级荷载加载期间,试件无明显现象。在荷载控制加载阶段后期,OSB 板发生轻微倾斜(图 6-10),偶尔有钢材和木材相互挤压发出的响声。在第五级荷载加载完成后,荷载-位移曲线仍保持线性增长趋势,将加载到 90 kN 时对应的位移 27.37 mm 定义为 1 倍屈服位移 Δ。

图 6-10　试件 TW-1 的 1Δ 加载整体变形图

2)位移控制加载阶段

当进行 1.5Δ 第二个加载循环负向加载时,偶尔有覆面板在面板钉处崩断的巨大响声,覆面板倾斜且发生相互错动,中部和下部覆面板相互水平错动 11 mm(图 6-11(b));相邻覆面板间右侧缝隙处发生相互挤压,左侧面板缝宽增加为 15 mm(图 6-11(c));中部覆面板下边缘钉节点除中间一个钉外,其余钉节点处钉头完全陷入覆面板破坏,少数钉节点处覆面板被拉裂(图 6-11(d));下部面板上边缘右侧角部钉被剪断(图 6-11(e)),其余钉头轻微陷入覆面板;下部面板左右侧边缘钉节点处少数钉头轻微陷入覆面板,左柱柱脚加劲肋间的覆面板剪切破坏(图 6-11(f))。

（a）整体变形图

（b）中下部 OSB 板水平错动

（c）中下部 OSB 板竖缝加大

（d）中部 OSB 板大部分下边缘钉完全陷入

（e）下部面板右侧角部钉破坏

（f）左侧柱脚加劲肋间 OSB 板剪切破坏

图 6-11　试件 TW-1 的 1.5Δ 加载试验现象

当进行 2.5Δ 第二个加载循环负向加载时,覆面板在面板钉处崩断的巨大响声和覆面板碎裂的声音持续出现,覆面板倾斜且发生相互错动,中部和下部覆面板相互水平错动 25 mm (图 6-12(b)),相邻覆面板间右侧缝隙处发生相互挤压,左侧面板缝处间隙更大;中部覆面板下边缘全部钉节点处钉头完全陷入覆面板,钉节点处覆面板被拉裂,面板下边缘翘起(图 6-12(c));下部面板上边缘多数钉头完全陷入覆面板(图 6-12(d)),下部面板左右侧边缘钉陷入覆面板程度加重。

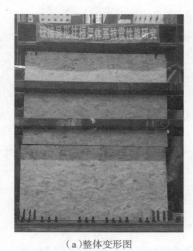

（a）整体变形图

（b）中下部 OSB 板水平错动

（c）中部 OSB 板翘起

（d）下部面板上边缘钉头完全陷入覆面板

图 6-12 试件 TW-1 的 2.5Δ 加载试验现象

当进行 3Δ 第二个加载循环负向加载时,覆面板在面板钉处崩断的巨大响声和覆面板碎裂的声音持续出现,覆面板倾斜且发生相互错动,中部和下部覆面板相互水平错动 34 mm (图 6-13(b));相邻覆面板间右侧缝隙处发生相互挤压,左侧面板缝宽增加为 21 mm(图 6-13(c));中部覆面板下边缘翘起几乎失效,下部面板上边缘大多数钉头完全陷入覆面板,下部面板左右侧边缘钉陷入覆面板程度加重（图 6-13（d））。

（a）整体变形图

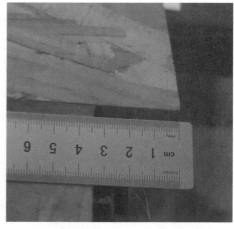
（b）中下部 OSB 板水平错动

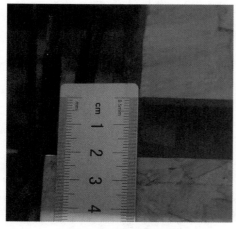
（c）中下部 OSB 板竖缝加大

（d）下部面板左右边缘钉严重陷入覆面板

图 6-13　试件 TW-1 的 3Δ 加载试验现象

当进行 3.5Δ 第三个加载循环正向加载时,覆面板在面板钉处崩断的巨大响声和覆面板碎裂的声音更加频繁出现,覆面板倾斜且发生相互错动,中部和下部覆面板相互水平错动 40 mm（图 6-14（b））;相邻覆面板间右侧缝隙处发生相互挤压,左侧缝隙处间隙更大;中部覆面板下边缘翘起几乎失效,下部面板上边缘全部钉头完全陷入覆面板,下部面板左右侧大部分边缘钉节点破坏,中间钉节点处钉头陷入覆面板程度加重。

试件水平承载力降至峰值承载力的 85% 以下时,试件停止加载。

3）加载完成后拆解观察

试件加载完成后,将覆面板拆解,观察铰接异形柱框架、木龙骨以及钢木连接件的破坏情况。

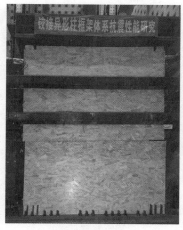

（a）整体变形图

（b）中下部 OSB 板水平错动

图 6-14 试件 TW-1 的 3.5Δ 加载试验现象

　　左侧异形柱面内中肢柱柱脚出现严重鼓曲,面内边肢柱柱脚被拉裂(图 6-15(a)),面外边肢柱出现轻微鼓曲(图 6-15(b));右侧异形柱面内中肢柱和边肢柱柱脚被拉裂,且出现严重鼓曲(图 6-15(c)和(d))。

（a）左柱面内中肢柱严重鼓曲、面内边肢柱拉裂

（b）左柱面中内肢柱严重鼓曲、面外边肢柱轻微鼓曲

（c）右柱面内边肢柱严重鼓曲、拉裂

（d）右柱面内中肢柱严重鼓曲

图 6-15 试件 TW-1 异形柱柱脚破坏现象

　　左侧异形柱面内中肢柱柱头开裂(图 6-16(a))、面内边肢柱柱头开裂(图 6-16(b));右侧异形柱面内中肢柱柱头开裂(图 6-16(c))。

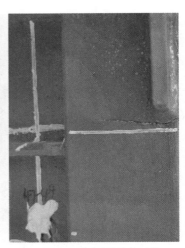

（a）左柱面内中肢柱柱头开裂　　　（b）左柱面内边肢柱柱头开裂　　　（c）右柱面内中肢柱柱头开裂

图 6-16　试件 TW-1 异形柱柱头破坏现象

一层梁端出现明显的梁柱转角，且梁柱连接板处焊缝开裂、面内肢柱柱壁被拉开（图 6-17）。

（a）左侧一层梁端柱壁拉开　　　　　（b）右侧一层梁端焊缝开裂

图 6-17　试件 TW-1 梁柱节点破坏现象

二层梁处无明显转角，梁柱连接板也无明显焊缝开裂现象；木龙骨和钢木连接件无明显破坏现象。

6.2.2.2　TW-2 试件

为准确描述试件在加载过程中的试验现象，图 6-18 规定了试件 TW-2 的加载方向和试验现象的观察方向，往复加载按照先正向推、后反向拉的顺序进行。

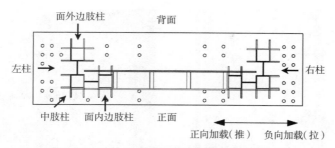

图 6-18 试件 TW-2 各位置及加载方向示意图

试件 TW-2 为足尺的铰接异形柱框架-轻木剪力墙试件,试件加载过程可分为荷载控制加载阶段和位移控制加载阶段。

1)荷载控制加载阶段

根据 ABAQUS 软件有限元初步模拟的结果,预估试件 TW-2 的屈服荷载为 500 kN。在荷载控制加载阶段,分 5 级依次对试件进行加载。其中,在前四级荷载加载期间,试件无明显现象;在最后一级荷载加载期间,覆面板发生轻微倾斜(图 6-19),偶尔有钢材和木材相互挤压发出的响声。在第五级荷载加载完成后,荷载-位移曲线仍保持线性增长趋势,将加载到 500 kN 时对应的位移 27 mm 定义为 1 倍屈服位移 Δ。

图 6-19 试件 TW-2 的 1Δ 加载整体变形图

2)位移控制加载阶段

当进行 2Δ 第二个加载循环正向加载时,间断有覆面板在面板钉处崩断的巨大响声,覆面板倾斜且发生相互错动,中部和下部覆面板相互水平错动 8 mm(图 6-20(b)),相邻覆面板间左侧缝隙处发生相互挤压,右侧缝隙处间隙增大,中部覆面板上下边缘部分钉头轻微陷入覆面板。

（a）整体变形图　　　　　　　　　（b）中下部 OSB 板水平错动

图 6-20　试件 TW-2 的 2Δ 加载试验现象

当进行 2.5Δ 第二个加载循环正向加载时,覆面板在面板钉处崩断的巨大响声出现次数明显增加,覆面板倾斜且发生相互错动,中部和下部覆面板相互水平错动 10 mm（图 6-21（b））,相邻覆面板间左侧缝隙处发生相互挤压,右侧缝隙处间隙更大,中部覆面板上下边缘钉头陷入覆面板程度加重,上部面板下边缘和下部面板上边缘多数钉头轻微陷入覆面板。

（a）整体变形图　　　　　　　　　（b）中下部 OSB 板水平错动

图 6-21　试件 TW-2 的 2.5Δ 加载试验现象

当进行 3Δ 第二个加载循环负向加载时,覆面板在面板钉处崩断的巨大响声和覆面板碎裂的声音频繁出现,覆面板倾斜且发生相互错动,中部和下部覆面板相互水平错动 13 mm（图 6-22（b））,相邻覆面板间右侧缝隙处发生相互挤压,左侧缝隙处间隙更大,中部覆面板上下边缘多数钉头完全陷入覆面板,上部面板下边缘和下部面板上边缘钉头陷入覆面板程度加重（图 6-22（c）和（d））,下部面板和上部面板左右侧少数边缘钉头轻微陷入覆面板。

（a）整体变形图

（b）中下部 OSB 板水平错动

（c）上中板边缘钉头严重陷入覆面板

（d）中下板边缘钉头严重陷入覆面板

图 6-22　试件 TW-2 的 3Δ 加载试验现象

当进行 3.5Δ 第二个加载循环负向加载时,覆面板在面板钉处崩断的巨大响声和覆面板碎裂的声音更加频繁出现,覆面板倾斜且发生相互错动,中部和下部覆面板相互水平错动 17 mm(图 6-23(b)),相邻覆面板间右侧缝隙处发生相互挤压,左侧缝隙处间隙更大,中部覆面板上下边缘全部钉节点处钉头完全陷入覆面板,钉节点处覆面板被拉裂,上部面板下边缘和下部面板上边缘大多数钉头完全陷入覆面板(图 6-23(c)和(d)),下部面板和上部面板左右侧边缘钉头轻微陷入覆面板。

当进行 4Δ 第二个加载循环负向加载时,覆面板在面板钉处崩断的巨大响声和覆面板碎裂的声音持续出现,覆面板倾斜且发生相互错动,中部和下部覆面板相互水平错动 18 mm(图 6-24(b)),相邻覆面板间右侧缝隙处发生相互挤压,左侧缝隙处间隙更大,上部覆面板下边缘、中部覆面板上下边缘和下部覆面板上边缘全部钉头完全陷入覆面板,多数钉节点处覆面板被拉裂,上部面板和下部面板左右侧大部分边缘钉节点处钉头陷入覆面板程度加重。

（a）整体变形图

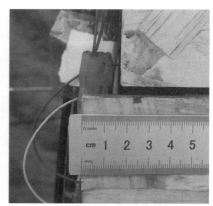

（b）中下部 OSB 板水平错动

（c）上中板边缘钉头完全陷入覆面板

（d）钉节点处面板边缘拉裂

图 6-23　试件 TW-2 的 3.5Δ 加载试验现象

（a）整体变形图

（b）中下部 OSB 板水平错动

图 6-24　试件 TW-2 的 4Δ 加载试验现象

左侧异形柱中肢柱柱脚被严重拉裂,面外边肢柱出现轻微拉裂;右侧异形柱中肢柱柱脚被拉裂且出现严重凹陷,面外边肢柱出现轻微凹陷,如图 6-25 所示。试件发生严重破坏,停止加载。

（a）左柱面内中肢柱拉裂 　　　　　　　　　　（b）左柱面外边肢柱轻微拉裂

（c）右柱面内中肢柱拉裂、凹陷 　　　　　　　　（b）右柱面外边肢柱轻微凹陷

图 6-25　试件 TW-2 异形柱柱脚破坏现象

试件加载完成后,将覆面板拆解,观察铰接异形柱框架、木龙骨以及钢木连接件的破坏情况。梁端无明显梁柱转角,梁柱连接板无明显焊缝开裂现象,木龙骨和钢木连接件无明显破坏现象。

6.2.2.3　试验现象总结

荷载控制加载阶段,试件 TW-1 和 TW-2 的荷载-位移曲线始终保持线性增长趋势。加载前期,铰接异形柱框架和轻木剪力墙部分均无无明显现象;最后一级加载过程中, OSB 板发生轻微倾斜,偶尔有钢材和木材相互挤压发出的响声。

位移控制加载阶段,试件 TW-1 和 TW-2 的破坏模式总体较为相似,均是轻木剪力墙的面板钉连接首先发生破坏,表现为中部覆面板的边缘钉节点的钉头完全陷入覆面板;随着加载循环次数的增加,木剪力墙的破坏逐渐加剧,覆面板倾斜且相互错动的程度逐渐加大,面板在钉节点处崩断的巨大响声和覆面板碎裂的声音出现得逐渐频繁,中部面板和下部面板的边缘钉连接陆续破坏;试件加载结束时,中部和下部面板的大部分面板边缘钉连接破坏,破坏形式包括钉头完全陷入覆面板、覆面板在钉节点处被拉裂,异形柱各肢柱的柱脚均发生不同程度的鼓曲、凹陷或拉裂,试件 TW-1 在一层梁端出现明显的梁柱转角,且梁柱连接板处焊缝开裂、面内肢柱的柱壁被拉开。

在整个试验加载过程中,轻木剪力墙的骨架和钢木连接件均未发生破坏,未发现明显的墙骨柱上拔现象,说明钢木连接可以实现铰接异形柱钢框架和轻木剪力墙协同工作。

6.2.3　试验结果分析

6.2.3.1　滞回曲线

滞回曲线是指结构在受到往复荷载作用时,其变形与荷载之间的关系曲线,其呈现一定的滞后性和非线性特征。试件 TW-1 和 TW-2 在往复荷载作用下的滞回曲线如图 6-26 所示。可以看出,试件 TW-1 和 TW-2 的屈服位移分别定义为 27.37 mm 和 27 mm 均较为保守。试件屈服后,随着位移加载级别的增加,试件承载力的增长逐渐变慢,抗侧刚度也逐渐减小;并且由于柱脚处进入塑性的区域不断增大,各级荷载下的滞回环面积越来越大,试件的耗能能力也逐渐增强。当试验加载到最后一级时,试件 TW-1 的承载能力发生一定程度的下降,主要是因为此时柱脚出现严重鼓曲和拉裂;试件 TW-2 的承载能力下降程度较小,柱脚也出现严重拉裂和凹陷,两个试件均因发生严重破坏而停止加载。试件 TW-1 和 TW-2 的滞回曲线较为饱满,抗震性能良好。

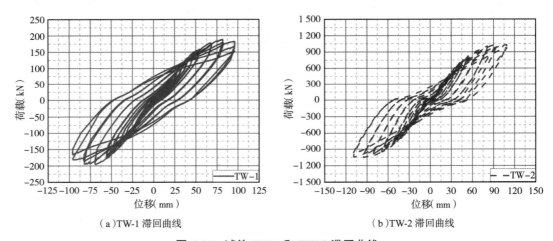

（a）TW-1 滞回曲线　　　　（b）TW-2 滞回曲线

图 6-26　试件 TW-1 和 TW-2 滞回曲线

6.2.3.2　骨架曲线

骨架曲线是指通过低周往复加载试验得到试件滞回曲线的包络线,即各循环曲线的峰值轨迹。钢木混合抗侧力体系的骨架曲线是其抗侧力性能的综合体现。通过对图 6-26 所示的滞回曲线进行分析处理,得到试件 TW-1 和 TW-2 的骨架曲线如图 6-27 所示。可以看出,试件 TW-1 和 TW-2 的骨架曲线走势大致相同,均呈 S 形,试件在整个加载过程中正负向的荷载位移发展较为对称。试件屈服后,试件刚度出现较为明显的退化;随着损伤的不断积累,在加载后期,试件 TW-1 和 TW-2 均出现承载力下降或增速减缓的情况,主要是由于试件 TW-1 柱脚严重鼓曲和拉裂,试件 TW-2 柱脚严重拉裂和凹陷,两个试件均出现脆性破坏。

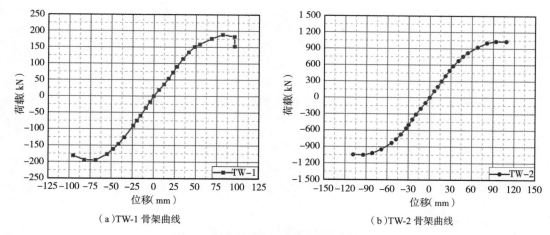

（a）TW-1 骨架曲线　　　　　　　　　（b）TW-2 骨架曲线

图 6-27　试件 TW-1 和 TW-2 骨架曲线

6.2.3.3　延性

延性是指结构在荷载作用下从屈服开始到承载能力没有显著降低期间的变形能力。结构非弹性阶段的变形能力越强,结构的延性越好,可以有效避免发生脆性破坏。延性系数 D 为结构破坏时的极限位移与屈服位移的比值,其可作为衡量结构抗震性能和变形能力的重要指标。

根据标准 ASTM E2126-19 的相关规定,采用能量等效弹塑性方法（EEEP 曲线,图 6-28）分析往复荷载作用下的第一循环包络线,通过计算得到试件弹性刚度、屈服荷载、屈服位移等各关键点参数。具体计算公式如下:

$$D = \Delta_u / \Delta_{yield} \tag{6-1}$$

$$K_e = 0.4 P_{peak} / \Delta_{0.4P_{peak}} \tag{6-2}$$

$$P_u = 0.8 P_{peak} \tag{6-3}$$

当 $\Delta_u^2 \geqslant \dfrac{2A}{K_e}$ 时,有

$$P_{yield} = \left(\Delta_u - \sqrt{\Delta_u^2 - \frac{2A}{K_e}} \right) K_e \tag{6-4}$$

当 $\Delta_u^2 < \dfrac{2A}{K_e}$ 时,有

$$P_{yield} = 0.85 P_{peak} \tag{6-5}$$

$$\Delta_{yield} = P_{yield} / K_e \tag{6-6}$$

式中　K_e——弹性阶段刚度,其为达到极限荷载的 40% 的荷载值与该荷载值所对应位移的
　　　　　　比值;

　　　P_{peak}——峰值荷载;

　　　Δ_{peak}——峰值位移;

P_{yield}——屈服荷载；

$\varDelta_{yield}$——屈服位移；

P_u——极限荷载；

$\varDelta_u$——极限位移；

A——骨架曲线下方包络的从原点至体系破坏位移之间的面积；

D——延性系数。

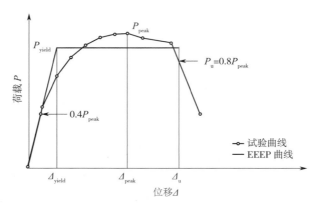

图 6-28　EEEP 曲线

　　试件 TW-1 和 TW-2 的弹性刚度、屈服荷载、屈服位移、峰值荷载、峰值位移、极限位移、屈服位移角、峰值位移角、极限位移角、位移延性系数等各关键点的荷载与变形数据见表 6-3 和表 6-4。

表 6-3　试件 TW1-和 TW2 关键点荷载与变形数据

试件编号	加载方向	名义屈服荷载（kN）	名义屈服位移（mm）	峰值荷载(kN)	峰值位移（mm）	极限位移（mm）
TW-1	正向	175.22	54.10	188.70	81.55	95.72
	负向	183.97	49.16	195.30	68.70	95.33
TW-2	正向	937.26	51.61	1 031.00	93.77	108.47
	负向	973.71	57.67	1 050.79	94.27	108.48

表 6-4　试件 TW-1 和 TW-2 位移角与位移延性系数

试件编号	加载方向	弹性刚度（kN/ mm）	屈服位移角	峰值位移角	极限位移角	位移延性系数
TW-1	正向	3.239	1/55	1/37	1/31	1.94
	负向	3.743	1/61	1/44	1/31	1.77
TW-2	正向	18.162	1/58	1/32	1/28	2.10
	负向	16.884	1/52	1/32	1/28	1.88

由表 6-3 和表 6-4 可知,两个试件的屈服位移角在 1/61~1/52,峰值位移角在 1/44~1/32,极限位移角在 1/31~1/28,位移延性系数在 2 左右,说明两个试件延性和变形能力良好;试件 TW-2 在正向和负向加载时的峰值位移和极限位移基本一致,说明其在正负向加载时的变形能力相近。

6.2.3.4　刚度退化分析

刚度退化是指在往复荷载作用下随着加载等级的增加,结构的刚度逐渐减小。采用平均环线刚度研究结构的刚度退化过程,平均环线刚度 K_j 的计算公式如下:

$$K_j = \sum_{i=1}^{n} K_j^i \qquad (6-7)$$

$$K_j^i = \frac{\left|+F_j^i\right| + \left|-F_j^i\right|}{\left|+U_j^i\right| + \left|-U_j^i\right|} \qquad (6-8)$$

式中　K_j^i——第 j 位移级下第 i 次加载循环中正负向平均环线刚度;

　　　　$+F_j^i$、$-F_j^i$——第 j 位移级下第 i 次加载循环中正负向最大水平荷载;

　　　　$+U_j^i$、$-U_j^i$——第 j 位移级下第 i 次加载循环中正负向最大水平位移。

试件 TW-1 和 TW-2 的刚度退化曲线如图 6-29 所示。可以看出,试件 TW-1 和 TW-2 的刚度退化规律基本相似,随着试件面板钉节点的破坏逐渐增多,试件屈服后,刚度退化的速率加快,破坏时的试件刚度约为初始刚度的 52%。

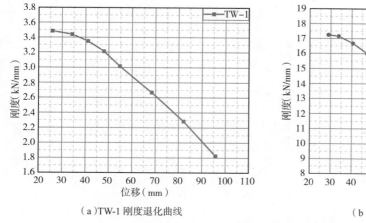
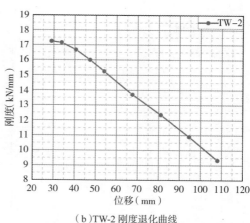

（a）TW-1 刚度退化曲线　　　　　　　（b）TW-2 刚度退化曲线

图 6-29　试件 TW-1 和 TW-2 刚度退化曲线

6.2.3.5　承载力退化分析

承载力退化是指在同一位移加载等级下随着加载循环次数的增加,试件的承载力逐渐减小。强度退化系数 λ_i 的计算公式如下:

$$\lambda_i = \frac{F_i^n}{F_i^1} \qquad (6-9)$$

式中　F_i^1——第 i 加载级下第一次加载循环中的峰值承载力;

F_i''——第 i 加载级下最后一次加载循环中的峰值承载力。

试件 TW-1 和 TW-2 的强度退化曲线如图 6-30 所示。可以看出,试件 TW-1 和 TW2 的强度退化系数在往复加载过程中始终保持在 0.91~1.02,退化幅度较小,试件可以保持良好的承载能力。总体来看,随着加载位移的增大,强度退化系数逐渐减小,且负向加载时的强度退化程度高于正向加载。这是由于试件先正后负的加载顺序,在同一位移级下,负向加载时试件初始状态已经积累了正向加载时受到的损伤,导致负向加载时的强度退化程度更高。

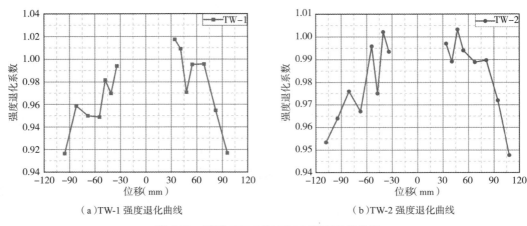

（a）TW-1 强度退化曲线　　　　（b）TW-2 强度退化曲线

图 6-30　试件 TW-1 和 TW-2 强度退化曲线

6.2.3.6　耗能能力分析

铰接异形柱框架-轻木剪力墙竖向抗侧力体系在往复加载作用下所耗散的能量可通过荷载-位移曲线得到,即滞回环面积的总和。试件 TW-1 和 TW-2 在往复荷载作用下的耗能曲线如图 6-31 所示。

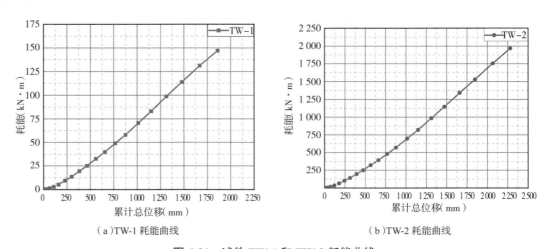

（a）TW-1 耗能曲线　　　　（b）TW-2 耗能曲线

图 6-31　试件 TW-1 和 TW-2 耗能曲线

同时,耗能系数 E 和等效黏滞阻尼系数 h_e 也是反映结构体系耗能能力的指标,具体计算公式如下：

$$E = \frac{S_{(ABC+CDA)}}{S_{(OBE+ODF)}} \qquad (6\text{-}10)$$

$$h_e = E / 2\pi \qquad (6\text{-}11)$$

式中　$S_{(ABC+CDA)}$——体系在一个加载循环中耗散的能量，其是滞回曲线的一个循环所包围的面积，利用 Origin 软件进行计算；

$S_{(OBE+ODF)}$——体系在弹性范围内吸收的能量，即三角形 OBE 和 ODF 的面积总和。

式（6-10）中各部分参数所表示的面积区域如图 6-32 所示。试件 TW-1 和 TW-2 各级加载循环的耗能系数 E 和等效黏滞阻尼系数 h_e 的计算结果见表 6-5，等效黏滞阻尼系数 h_e 的变化曲线如图 6-33 所示。

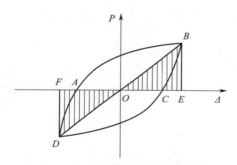

图 6-32　耗能系数计算示意图

表 6-5　试件 TW-1 和 TW-2 耗能能力系数

试件编号	位移	$S_{(ABC+CDA)}$	$S_{(OBE+ODF)}$	E	h_e
TW-1	$1\Delta_y$	473	2 334	0.202 47	0.032 22
	$2\Delta_y$	4 743	9 206	0.515 24	0.082 00
	$3\Delta_y$	15 108	15 090	1.001 16	0.159 34
TW-2	$1\Delta_y$	2 906	14 419	0.201 52	0.032 07
	$2\Delta_y$	19 383	44 559	0.435 00	0.069 23
	$3\Delta_y$	62 265	82 112	0.758 29	0.120 69
	$4\Delta_y$	110 937	112 500	0.986 11	0.156 94

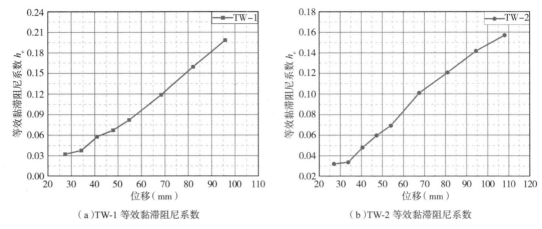

（a）TW-1 等效黏滞阻尼系数　　　　　　　　（b）TW-2 等效黏滞阻尼系数

图 6-33　试件 TW-1 和 TW-2 等效黏滞阻尼系数

由表 6-5 和图 6-33 各试件等效黏滞阻尼系数可知,试件 TW-1 和 TW-2 的等效黏滞阻尼系数均在 0.03~0.21,随着加载等级的增加,试件的耗能系数和等效黏滞阻尼系数逐渐增大,试件的滞回曲线逐渐饱满,由此可知铰接异形柱框架-轻木剪力墙体系具有良好的耗能能力。

6.2.3.7　整体侧向变形分析

试件的侧向位移分布曲线根据试件底板、柱底部、一层梁、二层梁处的位移计数据绘制而成,如图 6-34 所示。可以看出,试件 TW-1 和 TW-2 的侧向位移沿高度方向呈线性增长趋势,一层梁处的位移约为二层梁处位移的一半,试件整体均呈现剪切变形的特点。

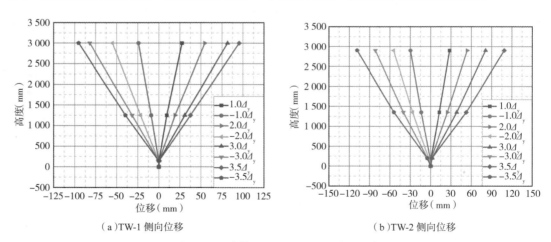

（a）TW-1 侧向位移　　　　　　　　　　　（b）TW-2 侧向位移

图 6-34　试件 TW-1 和 TW-2 侧向位移

6.2.4　铰接异形柱框架结构体系对比分析

为研究铰接异形柱框架结构体系内嵌不同类型墙体对其抗震性能的影响,对铰接异形柱框架-轻木剪力墙结构(试件 TW-2)与内嵌草砖墙体的铰接异形柱框架结构(试件 W-1)、内嵌 ALC 墙板的铰接异形柱框架结构(试件 W-2)的试验结果进行对比分析。3 个试件的铰接异形柱框架尺寸一致,其荷载-位移曲线如图 6-35 所示。3 个试件的屈服荷载、屈服位移、极限荷载、极限位移、位移延性系数等指标见表 6-6。

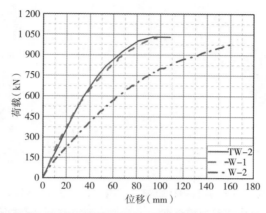

图 6-35　内嵌不同类型墙体的铰接异形柱框架结构荷载-位移曲线

表 6-6　内嵌不同类型墙体的铰接异形柱框架结构关键点荷载与位移

试件编号	屈服荷载(kN)	屈服位移(mm)	峰值荷载(kN)	极限位移(mm)	位移延性系数
TW-2	937.26	51.61	1 031.00	108.47	2.10
W-1	903.16	68.21	1 022.44	95.51	1.40
W-2	858.43	116.52	982.60	163.83	1.40

由图 6-35 和表 6-6 可知,内嵌轻木剪力墙的铰接异形柱框架结构的位移延性系数为 2.10,内嵌草砖墙体和 ALC 墙板的铰接异形柱框架结构的位移延性系数均为 1.40。相比于内嵌草砖墙体和 ALC 墙板,铰接异形柱框架内嵌轻木剪力墙的延性性能更好,结构屈服后塑性变形的能力更强。内嵌轻木剪力墙的铰接异形柱框架结构的初始刚度和极限承载力与内嵌草砖墙体的铰接异形柱框架结构相差不大;相比于内嵌 ALC 墙板的铰接异形柱框架结构,内嵌轻木剪力墙的铰接异形柱框架的初始刚度提升了约 30%,极限承载力提升了约 5%,说明轻木剪力墙和草砖墙体的安装对铰接异形柱框架的抗侧刚度有很大程度的提高,对结构极限承载力的影响不明显。这主要是由于轻木剪力墙的面板钉连接是轻木剪力墙抗侧刚度和抗侧承载力的最主要影响因素,加载初期轻木剪力墙的钉节点正常工作,随着加载轻木剪力墙的面板钉节点逐渐破坏,轻木剪力墙所承担的剪力逐渐减小,对结构的峰值荷载提升不大。

为研究钢管内填充石膏的铰接异形柱框架结构-轻木剪力墙结构体系中内填轻木剪力墙和钢管内填充石膏对铰接异形柱框架结构的抗震性能的影响,对钢管内填石膏的铰接异形柱框架-轻木剪力墙结构(试件 TW-1)与钢管内无填充物的铰接异形柱框架结构(试件

F-1)、钢管内填充混凝土的铰接异形柱框架结构(试件 F-2)的试验结果进行对比分析。3
个试件的铰接异形柱框架尺寸一致,其荷载-位移曲线如图 6-36 所示,骨架曲线如图 6-37 所
示。3 个试件的屈服荷载、屈服位移、极限荷载、极限位移、位移延性系数等指标见表 6-7。

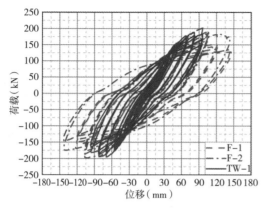

图 6-36　铰接异形柱框架结构和铰接异形柱框架
结构-轻木剪力墙结构荷载-位移曲线对比

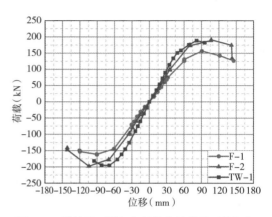

图 6-37　铰接异形柱框架结构和铰接异形柱框架
结构-轻木剪力墙结构骨架曲线对比

表 6-7　铰接异形柱框架结构和铰接异形柱框架结构-轻木剪力墙结构荷载与位移

试件编号	加载方向	屈服荷载 (kN)	屈服位移 (mm)	峰值荷载 (kN)	峰值位移 (mm)	极限位移 (mm)	位移 延性系数
TW-1	正向	175.22	54.10	188.70	81.55	95.72	1.94
	负向	183.97	49.16	195.30	68.70	95.33	1.77
F-1	正向	132.5	61.6	156.43	90.81	145.42	2.21
	负向	144.3	62.5	160.05	90.60	141.14	2.01
F-2	正向	168.33	68.75	191.14	106.35	135.70	1.97
	负向	177.12	67.93	197.74	106.42	127.90	1.88

由图 6-36、图 6-37 和表 6-7 可知,相比于钢管内无填充物的铰接异形柱框架结构(试件
F-1),钢管内填充石膏的铰接异形柱框架-轻木剪力墙结构(试件 TW-1)的抗侧刚度正向提
高 34.29%,负向提高 51.48%;相比于钢管内填充混凝土的铰接异形柱框架结构(试件 F-2),
铰接异形柱框架-轻木剪力墙结构(试件 TW-1)的抗侧刚度正向提高 19.20%,负向提高
29.14%。根据采用相同铰接异形柱框架的铰接异形柱框架-冷弯薄壁加劲墙结构的试验结
果可知,钢管柱内填充石膏、混凝土对结构刚度的影响不明显。因此,试件 TW-1 比 F-1 提
高的这部分刚度是由轻木剪力墙提供的,轻木剪力墙的安装对铰接异形柱框架结构的初始
抗侧刚度有很大程度的提高。

相比于钢管内无填充物的铰接异形柱框架结构(试件 F-1),钢管内填充石膏的铰接异形
柱框架-轻木剪力墙结构(试件 TW-1)的峰值荷载正向提高 21%,负向提高 22%。由于轻木剪

力墙的安装对铰接异形柱框架结构极限承载力的影响不明显,因此这部分承载力是由钢管内填充的石膏提供的,钢管内填充石膏对铰接异形柱框架结构的峰值荷载有很大程度的提高。

内填轻木剪力墙的铰接异形柱框架结构(试件 TW-1)的延性系数比铰接异形柱空框架结构(试件 F-1 和 F-2)的延性系数均小,延性性能较为一般,结构屈服后塑性变形能力较弱,结构承载力下降段更为陡峭,结构发生脆性破坏。

6.3 轻木剪力墙围护体系数值模拟

6.3.1 有限元模型建立

6.3.1.1 材料属性定义

1)钢材本构关系

试件钢材的本构模型采用弹塑性双折线模型(图 6-38),塑性理论采用 Mises 屈服准则及随动强化准则。试件屈服后,弹性模量与屈服前弹性模量之比取 0.01,泊松比取 0.30。对于三维应力空间,Mises 屈服条件如下:

$$\frac{1}{6}\left[(\sigma_1-\sigma_2)^2+(\sigma_2-\sigma_3)^2+(\sigma_3-\sigma_1)^2\right]-\frac{1}{3}\sigma_y^2=0 \qquad (6\text{-}12)$$

式中 σ_1、σ_2、σ_3——3 个主应力;

σ_y——材料的初始屈服应力。

试件不同部位的钢材弹性模量、塑性数据根据材性试验结果进行设置。

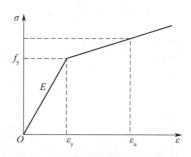

图 6-38   钢材弹塑性双折线模型

2)SPF 规格材和 OSB 板材料属性

SPF 规格材和 OSB 板材料参数见表 6-8。

表 6-8   SPF 规格材和 OSB 板材料参数

构件	材料参数
顶梁板、底梁板、墙骨柱(SPF 规格材)	E=9 650 MPa
覆面板(OSB 板)	E=3 600 MPa

6.3.1.2　接触关系

有限元模型中铰接异形柱框架部分的单肢柱与连接板、异形柱与框架顶板、异形柱与框架底板、异形柱与梁柱连接板间的连接采用 Tie 约束;铰接节点高强螺栓与梁柱连接板和 H 型钢梁腹板间的连接采用面-面接触关系,连接板和钢梁腹板为主面,螺栓面为从面;切向行为采用库伦摩擦理论,切向摩擦系数取 0.45,法向行为采用硬接触;螺栓杆与螺栓孔之间的连接采用面-面接触关系,仅设置法向行为。

本章有限元模型中墙骨架之间钉连接通过建立实体单元采用嵌入约束,覆面板与墙骨架之间的钉连接采用两个不耦合的正交非线性弹簧实现,钢框架和轻木剪力墙的连接采用耦合约束。

6.3.1.3　单元类型与网格划分

有限元模型中异形柱、H 型钢梁、高强螺栓、轻木剪力墙骨架、OSB 板均采用 C3D8R 单元(即八节点六面体线性减缩积分单元),该单元具有在弯曲荷载下不易发生剪切自锁现象、对位移的求解结果比较精确、网格存在扭曲变形对分析的精度影响较小等优点。

对于钢管单肢柱、连接板、加劲肋、墙骨架、OSB 板等规格的部件采用结构化网格进行划分,钢管单肢柱、连接板、加劲肋、墙骨柱的网格尺寸为 40 mm × 40 mm,OSB 板的网格尺寸为 80 mm × 80 mm;对于 H 型钢梁、梁柱连接板、高强螺栓等不规则的部件,进行网格划分前,应先进行合理分割,采用扫掠式网格进行划分,受力复杂区域的网格划分应进行加密处理,提高模拟精度,网格尺寸可为 4 mm × 40 mm。试件 TW-1 和 TW-2 整体网格划分如图 6-39 所示,其中铰接异形柱框架和轻木剪力墙骨架网格划分如图 6-40 所示,H 型钢梁腹板、梁柱连接板、高强螺栓各部件的网格划分如图 6-41 所示。

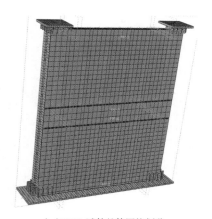
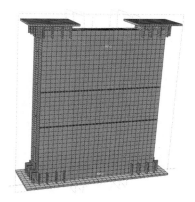

（a）TW-1 试件整体网格划分　　　　　　　　（b）TW-2 试件整体网格划分

图 6-39　试件 TW-1 和 TW-2 整体网格划分图

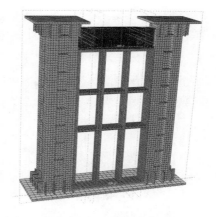

（a）TW-1 试件钢框架和轻木剪力墙骨架网格划分　　（b）TW-2 试件钢框架和轻木剪力墙骨架网格划分

图 6-40　试件 TW-1 和 TW-2 钢框架和轻木剪力墙骨架网格划分图

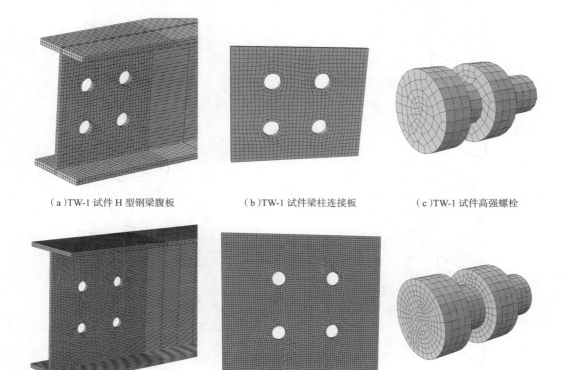

（a）TW-1 试件 H 型钢梁腹板　　（b）TW-1 试件梁柱连接板　　（c）TW-1 试件高强螺栓

（d）TW-2 试件 H 型钢梁腹板　　（e）TW-2 试件梁柱连接板　　（f）TW-2 试件高强螺栓

图 6-41　试件 TW-1 和 TW-2 梁柱铰接节点处各部件网格划分图

6.3.1.4　边界条件及加载方式

在拟静力试验过程中，试件底板固定在试验台底座上，将有限元模型中的试件底板进行完全固接来模拟实际的边界条件,如图 6-42 所示。试验时通过将两个异形柱顶板与加载梁固接对试件进行加载,将有限元模型中的两个顶板耦合至中点,并在该点处施加水平荷载,如图 6-43 所示。有限元分析可分为以下 4 个分析步,其中前三步施加螺栓预紧力,最后一步施加水平荷载:在第一步中在螺栓中面施加较小螺栓预紧力;在第二步中施加正常螺栓预紧力;在第三步中固定螺栓当前长度;在第四步中施加柱顶水平荷载。

（a）TW-1 试件边界条件　　　　　　　　　　　　（b）TW-2 试件边界条件

图 6-42　试件 TW-1 和 TW-2 边界条件

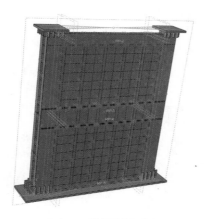 

（a）TW-1 试件耦合加载点　　　　　　　　　　　　（b）TW-2 试件耦合加载点

图 6-43　试件 TW-1 和 TW-2 耦合加载点

6.3.2　铰接异形柱框架-轻木剪力墙有限元结果对比

建立试件 TW-1 和 TW-2 的有限元模型进行模拟,并对两个模型的模拟结果分别与试验结果进行对比,两个试件的荷载-位移曲线对比情况如图 6-44 所示,两个试件的模拟和试验的峰值荷载见表 6-9。

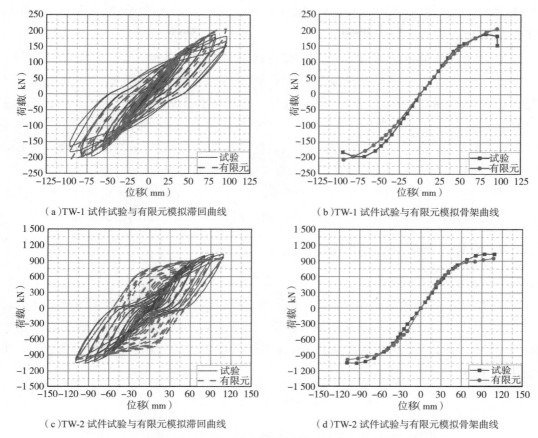

（a）TW-1 试件试验与有限元模拟滞回曲线

（b）TW-1 试件试验与有限元模拟骨架曲线

（c）TW-2 试件试验与有限元模拟滞回曲线

（d）TW-2 试件试验与有限元模拟骨架曲线

图 6-44　试件 TW-1 和 TW-2 试验与有限元模拟荷载-位移曲线对比

表 6-9　试件 TW-1 和 TW-2 试验与有限元模拟峰值荷载比较

试件编号	加载方向	试验峰值荷载（kN）	有限元模拟峰值荷载（kN）	误差（%）
TW-1	正向	188.70	204.72	8.48
	负向	195.30	204.71	4.81
TW-2	正向	1 031.00	950	8.53
	负向	1 050.79	982	7.01

　　由图 6-44 和表 6-9 可知,试件 TW-1 有限元模拟的滞回曲线和试验的滞回曲线总体吻合良好,在各位移加载级的表现基本一致。对比分析试件 TW-1 滞回曲线,加载前期有限元模拟和试验的滞回环面积相差不大,随着加载级的逐渐增大,有限元模拟的滞回环面积小于试验的滞回面积,有限元模拟的滞回曲线不够饱满。对比分析试件 TW-1 骨架曲线,试验和有限元模拟在屈服荷载处的数据吻合一致,但是有限元模拟比试验的峰值荷载大,峰值荷载正负向分别高 8.48% 和 4.81%;有限元模拟的结构初始刚度略高于试验的初始刚度,这是

因为试验的平面外抗侧移约束相对于有限元模型有限,且有限元模型中未考虑钢材损伤的原因。

对比分析试件 TW-2 的滞回曲线,加载前期有限元模拟和试验的滞回环面积相差不大,随着加载级的逐渐增大,有限元模拟的滞回环面积大于试验的滞回环面积,有限元模拟的滞回曲线相对较饱满,因为模型中未考虑试验存在的钢材累积损伤。对比分析试件 TW-2 骨架曲线,整体走势基本一致,有限元模拟比试验的峰值荷载小,峰值荷载正负向分别低8.53%和7.01%;由于试验的平面外抗侧移约束相对于有限元模型有限且有限元模型未考虑钢材损伤,试验的结构初始刚度略微低于有限元模拟的初始刚度。

总体来看,该有限元建模方法可以较好地模拟铰接异形柱框架-轻木剪力墙结构的低周往复加载过程,有限元模拟结果吻合良好,可以作为后续参数化分析的模型基础。

6.3.3　有限元参数化分析

6.3.3.1　OSB 板厚度的影响

为研究 OSB 板厚度对结构抗震性能的影响,分别建立 OSB 板厚度为 12 mm、15 mm、18 mm 的铰接异形柱框架-轻木剪力墙模型进行水平单调加载,各模型的荷载-位移曲线如图 6-45 所示,不同 OSB 板厚度的铰接异形柱框架-轻木剪力墙模型的荷载-位移曲线的对比结果见表 6-10。

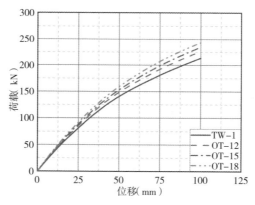

图 6-45　不同 OSB 板厚度模型荷载-位移曲线

表 6-10　不同 OSB 板厚度模型参数及荷载比较

模型编号	OSB 板厚度（mm）	初始刚度（kN/mm）	峰值荷载 f_u（kN）	f_{ui} / f_{ul}
TW-1	9	3.37	214	1
OT-12	12	3.57	227	1.06
OT-15	15	3.71	235	1.09
OT-18	18	3.89	244	1.14

由图 6-45 和表 6-10 可知，OSB 板厚度对铰接异形柱框架-轻木剪力墙结构的初始刚度、峰值荷载均有一定程度的影响。当 OSB 板厚度从 9 mm 增加为 12 mm、15 mm、18 mm 时，峰值荷载分别提高 6%、10%、14%，初始刚度分别提升了 6%、10%、15%。随着 OSB 板厚度的增加，轻木剪力墙与铰接异形柱框架的相对刚度比逐渐增加，体系的抗侧刚度提升作用更加明显。同时，采用更强的轻木剪力墙可使铰接异形柱框架-轻木剪力墙结构的延性系数更高。

6.3.3.2 钢木连接间距的影响

在钢木混合抗侧力体系中，铰接异形柱框架和轻木剪力墙的协同工作效应必须通过两者的有效连接保证。为研究钢木连接间距、轻木剪力墙的墙骨柱间距、钢木连接数量对结构抗震性能的影响，分别建立每排钢木连接数量为 2 个、3 个、4 个的铰接异形柱框架-轻木剪力墙模型进行水平单调加载，由于钢木连接是通过钢木连接件固定在铰接异形柱框架和墙骨柱上实现的，故钢木连接数量为 2 个、3 个、4 个分别对应的钢木连接间距和轻木剪力墙墙骨柱间距为 584 mm、438 mm、350 mm。不同钢木连接数量模型的荷载-位移曲线如图 6-46 所示，不同钢木连接数量模型的荷载-位移曲线的对比结果见表 6-11。

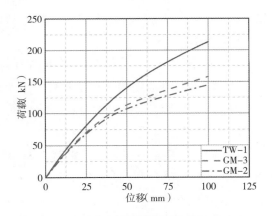

图 6-46　不同钢木连接数量模型荷载-位移曲线

表 6-11　不同钢木连接数量模型参数及荷载比较

模型编号	钢木连接数量（个）	钢木连接间距、墙骨柱间距（mm）	初始刚度（kN/mm）	峰值荷载 f_u（kN）	f_{ui}/f_{ul}
TW-1	4	350	3.37	214	1
GM-3	3	438	3.04	157	0.74
GM-2	2	584	2.95	144	0.67

由图 6-46 和表 6-11 可知，钢木连接间距、墙骨柱间距、钢木连接数量对铰接异形柱框架-轻木剪力墙结构的初始刚度、峰值荷载均有一定程度的影响。当钢木连接间距和墙骨柱

间距从 350 mm 增加到 438 mm、584 mm,即钢木连接数量从 4 个减少为 3 个、2 个时,峰值荷载分别降低 27%、33%,初始刚度分别降低 10%、12%。随着钢木连接数量的增加、墙骨柱间距的减小,剪力在铰接异形柱框架和轻木剪力墙间有效传递,轻木剪力墙在混合体系中承担的剪力逐渐增多,钢木协同工作效果更好。当钢木连接间距为 438 mm 和 584 mm 时,铰接异形柱框架-轻木剪力墙结构的初始刚度和极限承载力差别较小,这是因为此时钢木间有足够的连接,可以保证剪力从钢框架向轻木剪力墙有效传递。

6.4　本章小结

本章针对村镇住宅提出了一种铰接异形柱框架-轻木剪力墙结构,采用试验研究、有限元模拟、参数化分析相结合的方法,对该结构的力学性能进行研究,在此基础上推导了轻木剪力墙弹性抗侧刚度公式,得到的主要结论如下。

（1）铰接异形柱框架-轻木剪力墙结构体系的破坏模式是轻木剪力墙的面板钉连接首先发生破坏,继而铰接异形柱框架屈服,最后异形柱柱脚处发生破坏。轻木剪力墙的破坏形式包括钉头完全陷入覆面板、覆面板边缘被拉裂。在整个试验加载过程中,轻木剪力墙的墙骨架和钢木连接件均未发生破坏,未发现明显的墙骨柱上拔现象,说明钢木连接可以实现铰接异形柱钢框架和轻木剪力墙的协同工作。

（2）两个试件的屈服位移角在 1/61~1/52,峰值位移角在 1/44~1/32,极限位移角在 1/31~1/28,位移延性系数在 2 左右,说明延性和变形能力良好。两个试件的强度退化系数始终保持在 0.91~1.02,退化幅度较小,说明结构可以保持良好的承载能力。两个试件的侧向位移沿高度方向呈线性增长趋势,整体均呈现剪切变形的特点。

（3）将铰接异形柱框架-轻木剪力墙结构与异形柱钢管内不同填充物的铰接异形柱框架结构及内嵌不同类型填充墙的铰接异形柱框架结构进行对比分析,可知轻木剪力墙对铰接异形柱框架结构的初始抗侧刚度有很大程度的提升作用,但对结构的承载能力影响不大,钢管内填充石膏可提高铰接异形柱框架结构的承载能力。

（4）采用 ABAQUS 有限元软件建立铰接异形柱框架-轻木剪力墙结构的有限元模型,模拟结果与试验结果基本吻合。在此基础上,对铰接异形柱框架-轻木剪力墙结构进行参数化分析,研究 OSB 板厚度、钢木连接间距对结构力学性能的影响,结果表明增加 OSB 板厚度可使轻木剪力墙与铰接异形柱框架的相对刚度比增大,体系的抗侧刚度提升作用明显;缩小钢木连接间距和墙骨柱间距对铰接异形柱框架-轻木剪力墙结构的初始刚度和峰值荷载均有明显的提升作用。

Reference

参考文献

[1]　住房和城乡建设部住宅产业化促进中心. 大力推广装配式建筑必读：制度·政策·国内外发展[M]. 北京：中国建筑工业出版社, 2016.

[2]　中国建筑标准设计研究院. 蒸压轻质加气混凝土板（NALC）构造详图：03SG715-1[S]. 北京：中国建筑标准设计研究院, 2003.

[3]　中国工程建设标准化协会. 装配式低层住宅轻钢组合结构技术规程：T/CECS 1060—2022[S]. 北京：中国建筑工业出版社, 2022.

[4]　中国工程建设标准化协会. 组合楼板设计与施工规范：CECS 273—2010[S]. 北京：中国计划出版社, 2010.

[5]　中华人民共和国住房和城乡建设部. 低层冷弯薄壁型钢房屋建筑技术规程：JGJ 227—2011[S]. 北京：中国建筑工业出版社, 2011.

[6]　福建省住房和城乡建设厅. 装配式轻型钢结构住宅技术规程：DBJ 13-317—2019[S]. 2019.

[7]　中华人民共和国住房和城乡建设部. 建筑设计防火规范（2018年版）：GB 50016—2014[S]. 北京：中国计划出版社, 2014.

[8]　中华人民共和国建设部. 住宅建筑规范：GB 50368—2005[S]. 北京：中国建筑工业出版社, 2006.

[9]　谭建军, 肖慧, 于献青. 绿色墙体材料技术指南[M]. 北京：中国建筑工业出版社, 2014.

[10]　中华人民共和国住房和城乡建设部. 建筑抗震设计标准（2024年版）：GB/T 50011—2010[S]. 北京：中国建筑工业出版社, 2024.

[11]　中华人民共和国住房和城乡建设部. 岩棉薄抹灰外墙外保温工程技术标准：JGJ/T 480—2019[S]. 北京：中国建筑工业出版社, 2019.

[12]　江苏省住房和城乡建设厅. 岩棉外墙外保温系统应用技术规程：苏 JG/T 046—2011[S]. 2012.

[13] 辽宁省市场监督管理局. 岩棉薄抹灰外墙外保温技术规程：DB21/T 2206—2021[S].2021

[14] 重庆市城市建设委员会. 岩棉板薄抹灰外墙外保温系统应用技术规程：DBJ50T-141—2012[S].2012.

[15] 上海市城乡建设和交通委员会. 岩棉板（带）薄抹灰外墙外保温系统应用技术规程：DG/TJ08-2126—2013[S].2013.

[16] 中华人民共和国住房和城乡建设部. 岩棉薄抹灰外墙外保温系统材料：JG/T 483—2015[S]. 北京：中国标准出版社,2016.

[17] 中华人民共和国住房和城乡建设部. 外墙外保温工程技术标准：JGJ 144—2019[S]. 北京：中国建筑工业出版社,2019.

[18] JUDD J P, FONSECA F S, PH D P E. Finite element analysis of wood shear walls and diaphragms using ABAQUS[C]//Proceedings of the 2002 ABAQUS Users' Conference. Taibei，China：ABAQUS，2002.

[19] 国家标准化管理委员会. 金属材料 拉伸试验 第 1 部分：室温试验方法：GB/T 228.1—2021[S]. 北京：中国标准出版社,2021.

[20] POLYAJCOV S V. On the interactions between masonry filler walls and enclosing frame when loaded in the plane of the wall [J]. Translations in earthquake engineering，1960，2（3）：36-42.

[21] CARTER C A，SMITH B S. A method of analysis for infilled frames [J]. Proceedings of the institution of civil engineers，1969，44（1）：31-48.

[22] Masonry Standard Joint Committee. Building code requirements and specification for masonry structures[S]. Reston：Masonry Standard Joint Committee,2011.